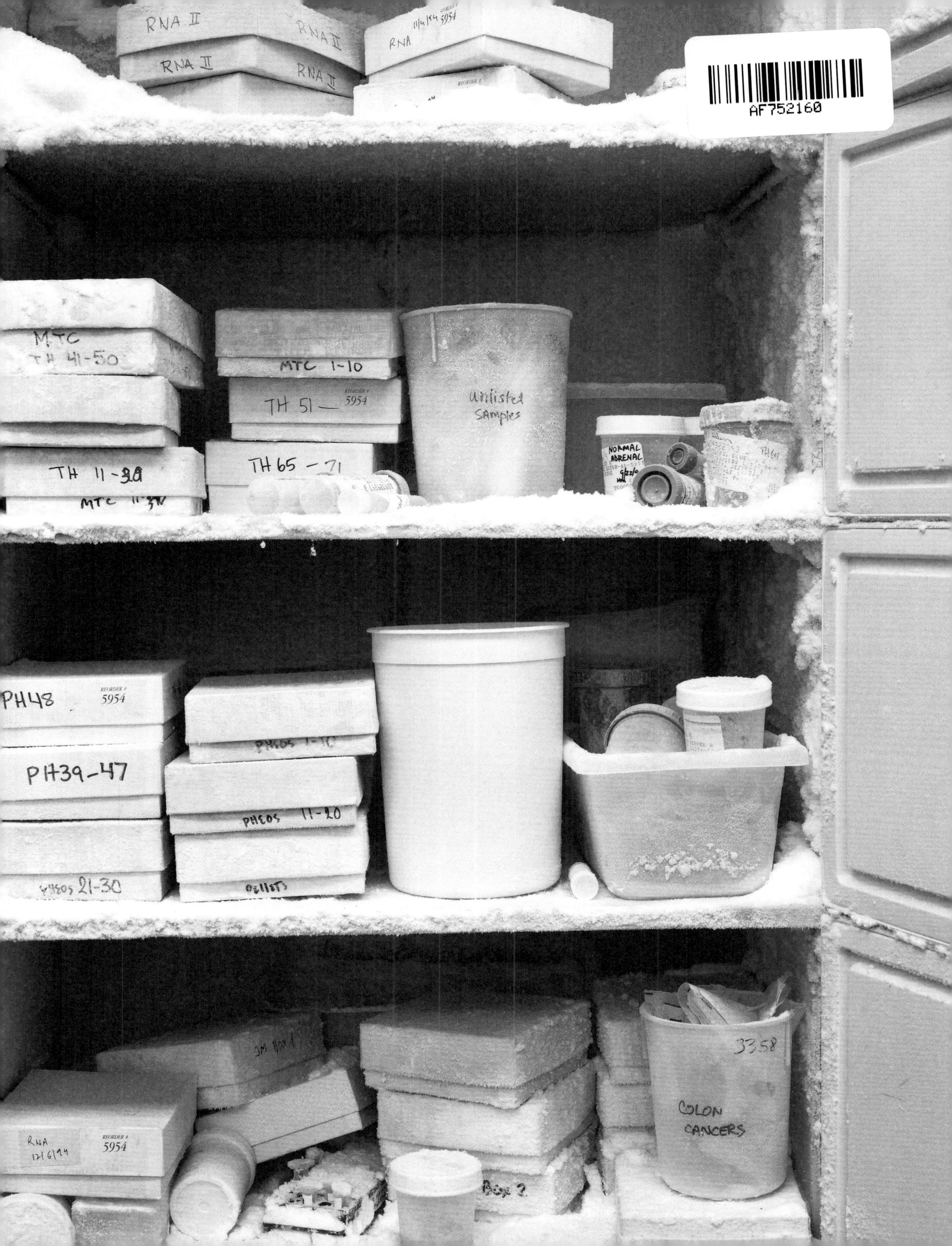
RNA II
RNA II
RNA II
RNA II
RNA
5954
MTC
TH 41-50
MTC 1-10
TH 51 —
REORDER #
5954
Unlisted
Samples
NORMAL
ADRENAL
TH 65 - 71
PH48
REORDER #
5954
PH39-47
PHEOS 11-20
Pellets
3358
COLON
CANCERS
RNA
REORDER #
5954
Box 2

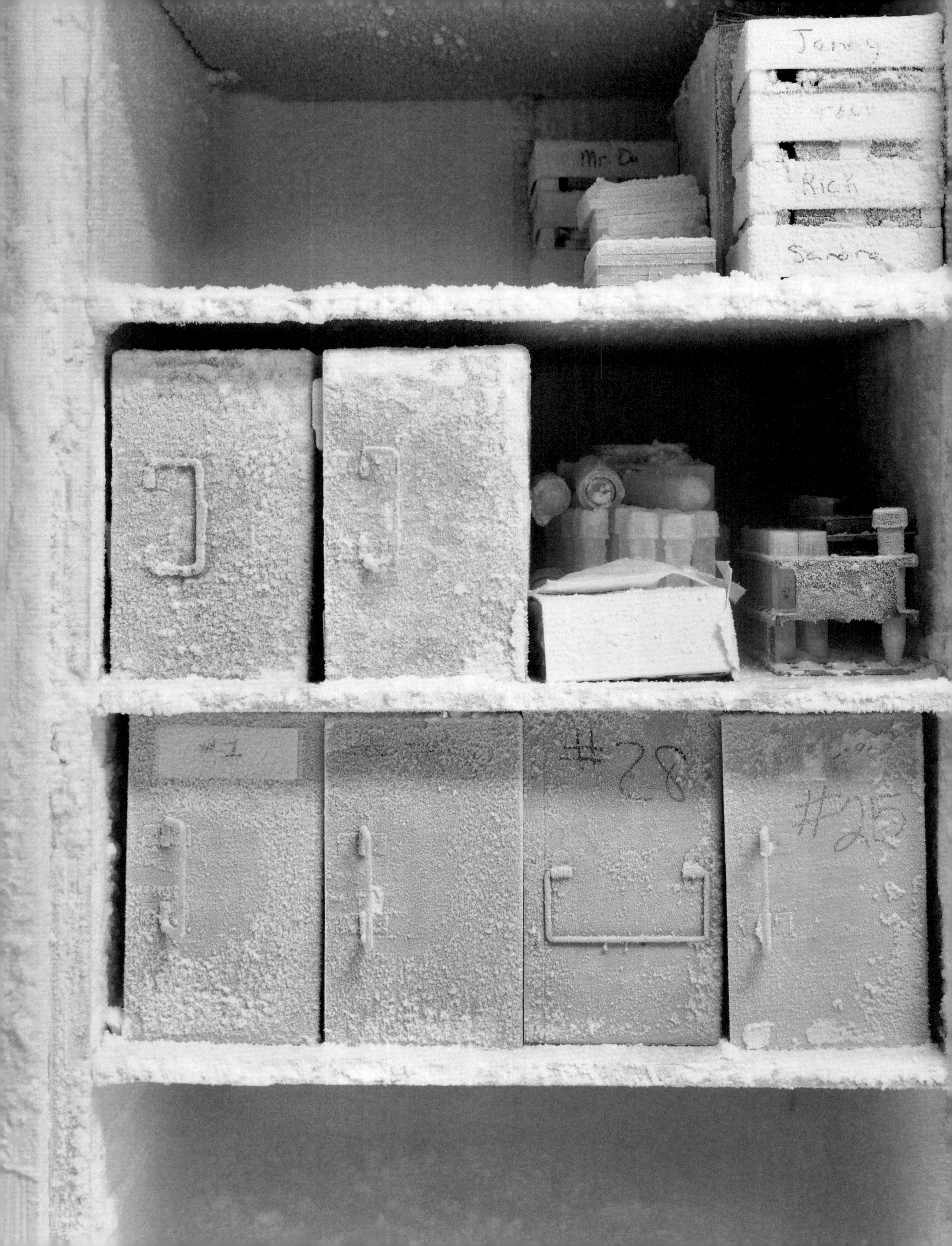
Mr. Du
Rick
Sandra
#28
#25

Deborah Goodman Davis
Essay by / Essai de David Campany

Edited by / Rédaction par Shawn Waldron & Amy Wilkins
Designed by / Design par Takaaki Matsumoto

PhotoRx

PHARMACY IN PHOTOGRAPHY SINCE 1850

LA PHARMACIE À TRAVERS LA PHOTOGRAPHIE DEPUIS 1850

DAMIANI

CONTENTS / CONTENUS

FOREWORD

The Pharmascience collection is a primarily photographic compendium of over 220 works of art spanning over 150 years, and was conceived roughly fifteen years ago by the late Rosalind Goodman. A privately owned and operated business, Pharmascience takes great pride in its commitment to philanthropic initiatives and maintaining a hospitable and inspiring work environment. By bringing art into the workplace, Rosalind could share her love of art with the company's employees and enhance the experience of anyone who visits. The collection is curated and managed by Deborah Goodman Davis, an art advisor specializing in modern and contemporary works. We have enthusiastically supported the expansion of the collection.

This collection reflects a growing trend toward incorporating art into the workplace as a way of improving overall well-being and productivity. Indeed, artwork at Pharmascience is woven into the everyday workspace, not just confined to meeting rooms, but prominently displayed throughout common areas. Beyond serving an aesthetic purpose, the pharmacy-themed works encourage conversations that go beyond the usual work-related topics of discussion. Art in the workplace has been correlated with lowering stress levels, boosting creativity, and encouraging expression of opinions.

Art enriches the intellectual and aesthetic experience of employees and visitors alike, and Pharmascience is proud to foster a humane and cultured environment through the growth of this collection. For a Montreal pharmaceutical company devoted to good health, art and well-being is a natural combination.

Morris Goodman
Chairman of the Board
Pharmascience Inc.

David Goodman
Chief Executive Officer
Pharmascience Inc.

PRÉFACE

La collection de Pharmascience représente principalement un recueil photographique contenant plus de 220 œuvres d'art s'échelonnant sur plus de 150 ans. En outre, elle a été créée il y a environ 15 ans par la défunte Rosalind Goodman. Pharmascience, une entreprise privée, tire beaucoup de fierté dans son engagement envers les actions philanthropiques, pour le maintien d'un environnement de travail inspirant et accueillant. En introduisant l'art en milieu de travail, Rosalind pouvait partager son amour pour les arts avec les employés de l'entreprise, tout en rehaussant l'expérience des visiteurs. La collection est gérée par Deborah Goodman Davis, une conseillère en art se spécialisant dans les œuvres contemporaines et modernes. C'est avec enthousiasme que nous avons accueilli l'enrichissement de la collection.

Cette collection reflète une tendance croissante vers l'intégration de l'art en milieu de travail, perçue comme étant une façon d'améliorer la productivité et le bien-être en général. En effet, les œuvres d'art de Pharmascience sont intégrées au milieu de travail quotidien, et non pas uniquement confinées aux salles de conférence; elles occupent une place importante dans les lieux communs. Mis à part leur but esthétique, les œuvres thématiques portant sur la pharmacie stimulent les conversations qui vont bien au-delà des sujets de discussion habituels liés au travail. Une corrélation a été établie entre l'art en milieu de travail et une baisse du niveau de stress, une hausse de la créativité et la stimulation d'expression des opinions.

L'art enrichit l'expérience intellectuelle et esthétique des employés et des visiteurs, et Pharmascience est fière de favoriser un environnement humain et cultivé grâce à l'enrichissement de sa collection. Pour une entreprise pharmaceutique montréalaise consacrée à la bonne santé, l'art et le bien-être forment naturellement le duo idéal.

Morris Goodman
Président du conseil
Pharmascience Inc.

David Goodman
Chef de la direction
Pharmascience Inc.

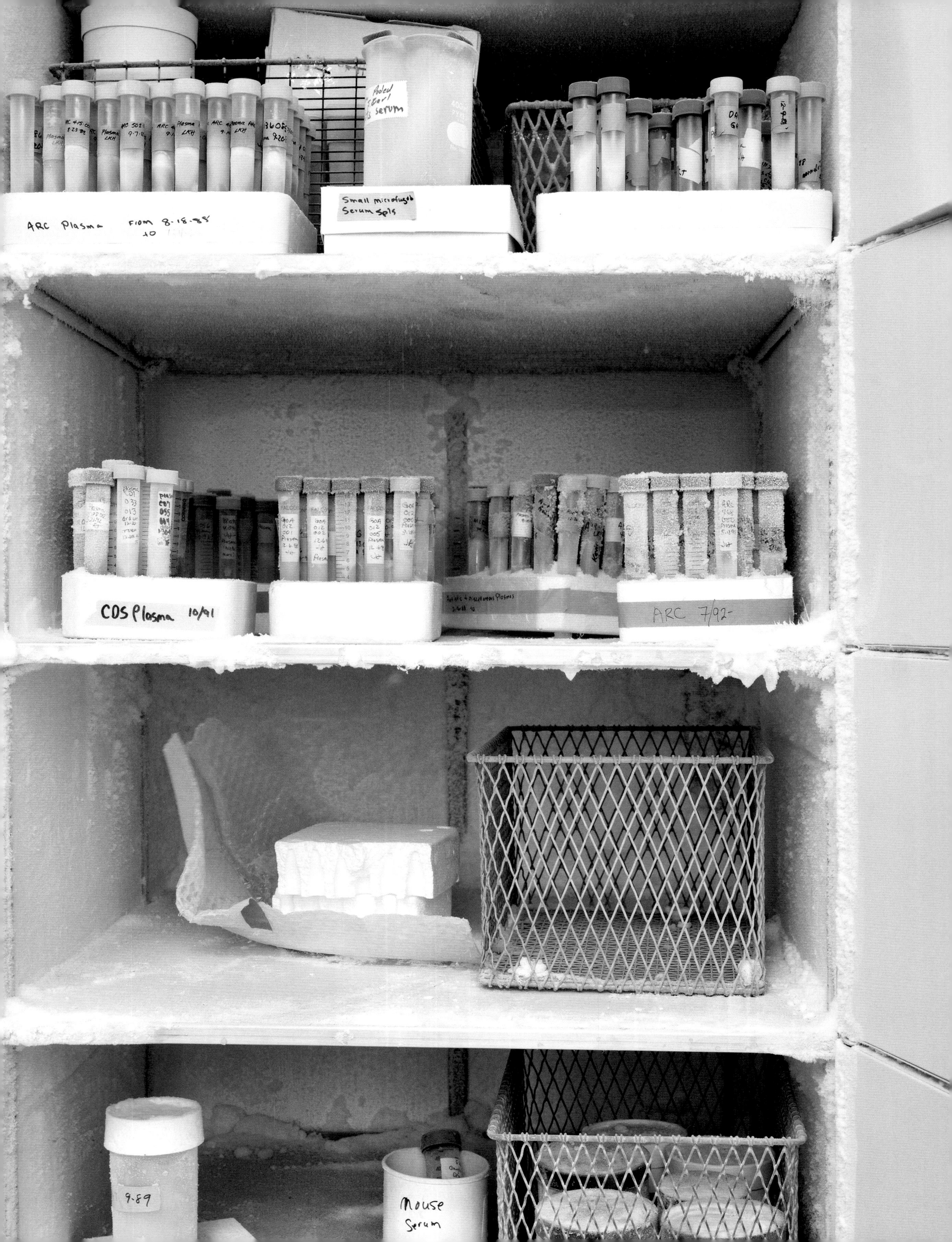
ARC Plasma From 8-18-88 to
Small microfuge Serum spls
CDS Plasma 10/91
ARC 7/92-
9-89
Mouse Serum

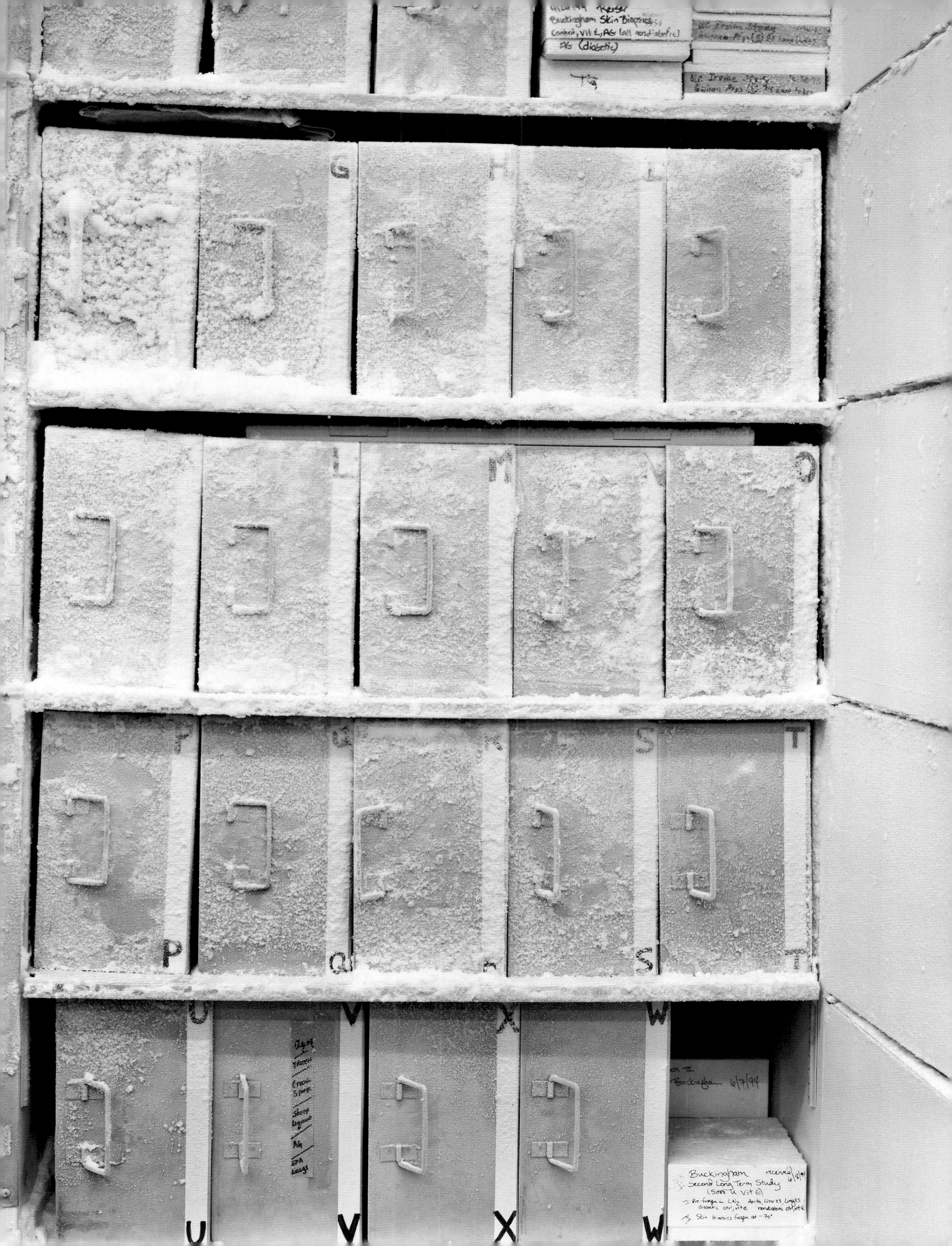

Buckingham Skin Biopsies;
Control, Vit E, AG (all nondiabetic)
PGs (diabetic)
G
H
L
M
O
P
Q
S
T
U
V
X
W
Buckingham 6/7/94
Buckingham received 6/8/94
Second Long Term Study
Skin biopsies frozen at -70°

PHARMACY THROUGH THE CAMERA LENS

Deborah Goodman Davis

Like many auspicious ideas, the conceptual theme of the Pharmascience art collection began by chance. In 2003, we started collecting fine art photography to display in the long, empty corridors of the company's corporate headquarters in Montreal. We hoped to build a collection that would reflect the international presence of this drug manufacturer and also connect its 1,500 employees, many of whom have immigrated to Canada from across the globe. The intention was for people of all backgrounds to engage with the art, and for it to enhance, enliven, and broaden the workplace experience.

After some consideration, we chose to focus on photography. It has natural appeal for a drug company, because it combines science and technology with art. Invented in the 1830s by Louis-Jacques-Mandé Daguerre, photography was not considered the equivalent of painting and sculpture until the twentieth century, when Alfred Stieglitz tirelessly championed it as a legitimate art form. As cameras became more affordable and easily available, photography emerged as the preeminent medium of the twentieth century. It allows for a myriad of genres and subjects. Today, photography is an essential component of contemporary art making.

Initially, with no specific agenda and the entire universe of photography at our disposal, the main question was what to buy. Since photography is still a young art form, I thought it would be interesting to build an encyclopedic collection that spanned the very beginning of the medium to the present. I also felt it important to choose bold, interesting, and thoughtful art that would engage but not alienate a diverse audience. The idea of creating a pharmacy-themed collection developed organically from this starting point.

The first purchase was two glorious, large-scale color photographs by Elmar Ludwig (fig. 1) and David Noble (fig. 2), that were made for promotional postcards for a chain of post-World War II British resorts called Butlin Holiday Camps. Both of them staged photographs, Ludwig's shows vacationers enjoying a swimming pool, while Noble's captured couples dancing in a grand ballroom. British master photographer Martin Parr renewed interest in them by printing them large (39 x 49 inches) and presenting them as fine

LA PHARMACIE VUE PAR L'OBJECTIF PHOTOGRAPHIQUE

Deborah Goodman Davis

Comme toute idée prometteuse, le concept de la collection d'art de Pharmascience a commencé par hasard. En 2003, nous avons lancé la collection en affichant des photographies d'art le long des couloirs dénudés du siège social de l'entreprise, à Montréal. Nous voulions bâtir une collection qui traduirait la présence internationale de ce fabricant de médicaments, et qui rapprocherait ses 1500 employés, dont bon nombre étaient des immigrants de partout dans le monde. Nous voulions que les gens de tous les milieux prennent contact avec l'art, et qu'ils contribuent à rehausser, à égayer et à élargir l'expérience en milieu de travail.

Après mûre réflexion, nous avons opté pour la photographie. En effet, elle trouve une résonance particulière pour une entreprise pharmaceutique, car elle allie la science, la technologie et l'art. Inventée en 1830 par Louis-Jacques-Mandé Daguerre, la photographie ne jouissait pas des mêmes lettres de noblesse que la peinture et la sculpture. Au 20e siècle, Alfred Stieglitz s'en est fait l'avocat en défendant sans relâche la photographie comme une forme légitime d'expression artistique. Grâce aux appareils-photo de plus en plus abordables et facilement accessibles, la photographie a émergé comme le médium prédominant du 20e siècle. Elle laisse libre cours à une multitude de genres et de sujets. Aujourd'hui, la photographie est un élément essentiel dans la création en art contemporain.

Au départ, sans aucune orientation particulière et avec l'éventail complet de la photographie à notre disposition, la principale question était de savoir quoi acheter. Comme la photographie était une forme d'art récente, j'ai pensé qu'il serait intéressant de bâtir une collection encyclopédique qui s'échelonnerait depuis ses débuts jusqu'à nos jours. J'ai également jugé utile de choisir des formes d'art audacieuses, intéressantes et contemplatives qui susciteraient l'attention d'un public diversifié sans l'exclure. À partir de là, l'idée de créer une collection sur la thématique de la pharmacie a pris forme naturellement.

Le premier achat comprenait deux magnifiques photographies couleur de grand format réalisées par Elmar Ludwig (fig. 1) et David Noble (fig. 2). Ces dernières illustraient des cartes postales promotionnelles pour la chaîne d'hôtel anglaise Butlin Holiday Camps après la Seconde Guerre mondiale. Les deux photos

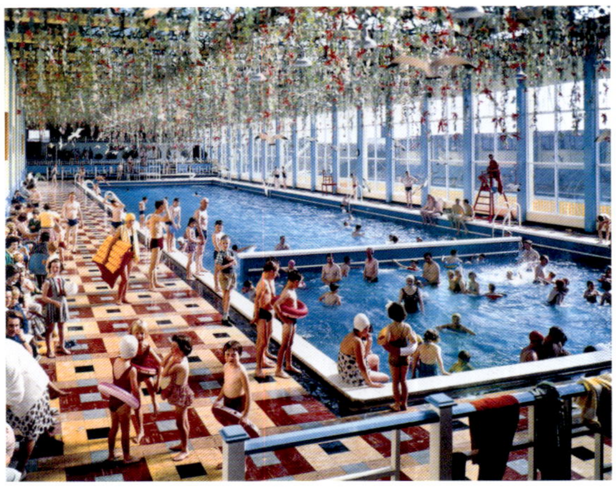

Fig. 1. Elmar Ludwig. *The Indoor Heated Pool, Butlin's Mosney*, c. 1960s–70s. Chromogenic color print (tirage chromogénique). 39 x 49 inches (99,1 x 124,5 cm)

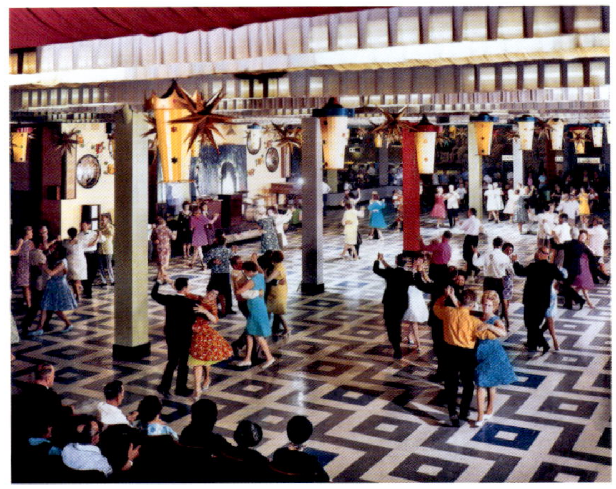

Fig. 2. David Noble. *The Regency Ballroom, Butlin's Bognor Regis*, c. 1960s–70s. Chromogenic color print (tirage chromogénique). 39 x 49 inches (99,1 x 124,5 cm)

art.[1] The two images became instantly popular at Pharmascience, and I realized that they had created a narrative to which people responded.

With the acquisition of a portfolio of forty photolithographs called *A History of Pharmacy in Pictures*, the inspiration for the pharmacy theme began to take shape. The portfolio was published by pharmaceutical giant Parke Davis as a promotional gift in 1957 and contains reproductions of oil paintings by Robert A. Thom illustrating the history of pharmacy originally commissioned for the book *Great Moments in Pharmacy* by George A. Bender. Though they were poor quality reproductions and not what I considered fine art, we framed the images and hung them in a corridor (figs. 3, 4). So many Pharmascience employees again responded positively that I began to focus on pharmacy-themed work, though I was unsure what I might find.

The first photograph we acquired with a pharmaceutical theme was a 1932 vintage print by the German master August Sander. Sander's most important project was People of the Twentieth Century, a series of 600 photos documenting German people of all walks of life from the 1910s through the 1950s. *Hands of Laboratory Technician* (1932–33, p. 64) is a black-and-white close-up of a scientist in a lab coat pouring liquid into a test tube. This photo has been cropped from the original (fig. 5), and the technician's face is only partially visible—the emphasis is on the science being done. A few years later I was happy to discover Sander's *Pharmacist (Apotheker)* (c. 1930, p. 65), which I was also able to acquire for the collection.

In 2006, we purchased the collection's first photograph depicting an actual pharmacy. *Whelan's Drug Store, Eighth Avenue & West 44th Street, February 7, 1936* (1936, p. 88) is a black-and-white image by Berenice Abbott of the interior of a now-defunct pharmacy in New York City. The work is from her seminal project Changing New York, a photographic documentary she made during the Great Depression that was published in 1939. The image was an exciting acquisition and fueled my quest to find more pharmacy-related images. (Later, I was happy to find an exterior shot of a Whelan's by Brett Weston from 1944 [p. 109].) A predominance of photographs shot in New York City exist in the collection. With its robust and

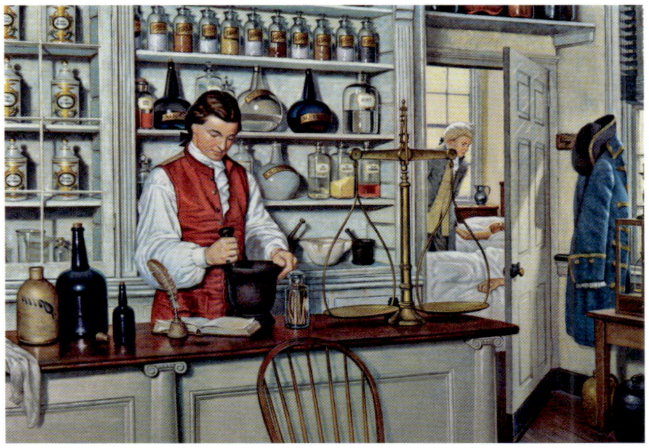

Fig. 3. Robert A. Thom. *First Hospital Pharmacy in Colonial America*, 1954. Chromolithograph (chromolithographie). 11 ¾ x 15 ¾ inches (29,8 x 40 cm)

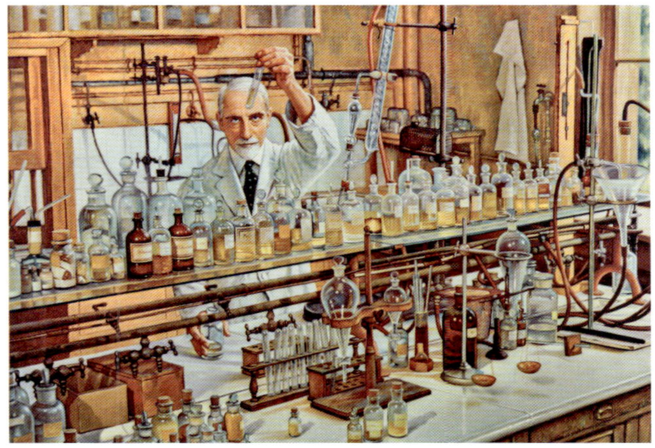

Fig. 4. Robert A. Thom. *Development of Chemotherapy*, 1954. Chromolithograph (chromolithographie). 11 ¾ x 15 ¾ inches (29,8 x 40 cm)

sont des mises en scène; celle de Ludwig présente des vacanciers s'amusant dans une piscine alors que celle de Noble montre des couples dansant dans une grande salle de bal. Le talentueux photographe anglais Martin Parr a rehaussé leur attrait en les imprimant en grand format (99 x 124,5 cm) et en les présentant comme de l'art[1]. Ces deux images devinrent instantanément populaires chez Pharmascience, et je compris que l'histoire qu'elles racontaient suscitait des réactions.

Grâce à l'acquisition d'un portfolio de 40 photolithographies intitulé *A History of Pharmacy in Pictures*, l'inspiration pour le thème de la pharmacie a commencé à prendre forme. Le portfolio avait été publié en 1957 comme cadeau promotionnel par le géant pharmaceutique Parke Davis. Il regroupait des reproductions de peintures à l'huile de l'artiste Robert A. Thom, illustrant l'histoire de la pharmacie, qui avaient été à l'origine commandées pour l'ouvrage *Great Moments in Pharmacy* de George A. Bender. Même si les reproductions étaient de piètre qualité et qu'elles ne constituaient pas de l'art selon moi, nous avons encadré les images et les avons accrochées dans un couloir (fig. 3 et 4). Encore une fois, de nombreux employés de Pharmascience ont réagi positivement, et j'ai commencé à me concentrer sur les œuvres portant sur la pharmacie, sans être tout à fait certaine du résultat.

La première photographie sur le thème pharmaceutique que nous avons acquise était un cliché d'époque datant de 1932 du photographe émérite allemand August Sander.

Le projet le plus important de Sander s'intitulait Hommes du 20e siècle; une série de 600 photos documentant les Allemands de toutes les couches sociales des années 1910 jusqu'aux années 1950. *Hands of Laboratory Technician* (1932–33, p. 64) est un gros plan en noir et blanc d'un scientifique en blouse de laboratoire qui verse un liquide dans une éprouvette. Cette photo a été recadrée depuis l'originale (fig. 5) et le visage du technicien n'est que partiellement visible; l'accent est mis sur la pratique de la science. Quelques années plus tard, j'ai fait l'heureuse découverte d'une photo de Sander intitulée *Pharmacist (Apotheker)* (1930, p. 65), que j'ai pu également acquérir pour enrichir la collection.

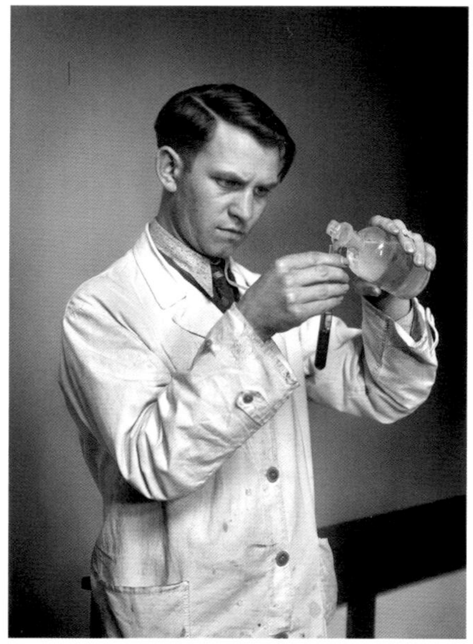

Fig. 5. August Sander. *Laboratory Technician*, 1938. Gelatin silver print (tirage argentique). 10 ⅛ x 7 ⅜ inches (25,8 x 18,7 cm)

ever-changing artistic community and dynamic street life, New York has always been a magnet for street photographers, who have frequently captured the ubiquitous pharmacy in their shots, as I came to discover.

Another photograph that captures a New York pharmacy storefront is Barry Frydlender's wonderful *57th Street and Sixth Avenue* (2008, pp. 102–3), which he composed by stitching together dozens of different shots into a panoramic street view. The Duane Reade pharmacy in the photograph was across the street from my apartment at the time; I looked it daily from my desk window. A year after we purchased the photo, Duane Reade rebranded and their signage changed, turning our artwork into a documentary photograph.

Some of the photographs relate to other, non pharmacy-themed, images in the collection, setting up a conversation between disparate works. Todd Selby's *Jacques' Marilyn Monroe Pill Bottle* (2008, p. 46) shows a bottle of sleeping pills dispensed to the actress in 1957. (This bottle now belongs to prominent French interior designer Jacques Grange, who displays it on a tiny plinth on a table in the living room of his elegant Paris residence.) Montreal documentary photographer George Zimbel shot *Marilyn and Billy Wilder, NYC* in 1954 (fig. 6), one of many well-known images of Monroe standing over a subway grate, skirt billowing, taken while she was filming *The Seven Year Itch*. And *MM* (fig. 7), a 1974 photo collage of Monroe by Japanese artist Norio Imai, addresses the concepts of repetition and re-photography, taking the iconic actress as a point of departure.

Not every photograph of a pharmacy that becomes available has been acquired for the collection. (I have been hunting for pharmacies in photographs for so long, though, that I am now able to spot them in an instant.) Some were not compelling enough; others were beyond our budget. Some I regret not buying and am hoping to come across again. A few, such as Robert Frank's photograph *Detroit (Drug Store)* (1955, p. 147), required a long wait. I first saw this photograph during Frank's 2009 retrospective exhibition at the Metropolitan Museum of Art. As one of the most important figures in the history of photography, I wanted to represent him in the collection, and this image fit perfectly with our theme. For years, I asked every dealer I knew to keep an eye out for a print. Finally, in 2015 one appeared at auction, and we were able to obtain it.

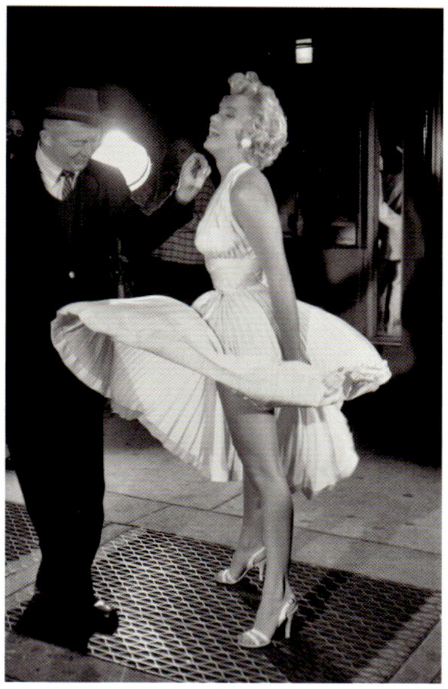

Fig. 6. George Zimbel. *Marilyn and Billy Wilder, NYC*, 1954. Gelatin silver print (tirage argentique). 16 ½ x 12 inches (41,9 x 30,5 cm)

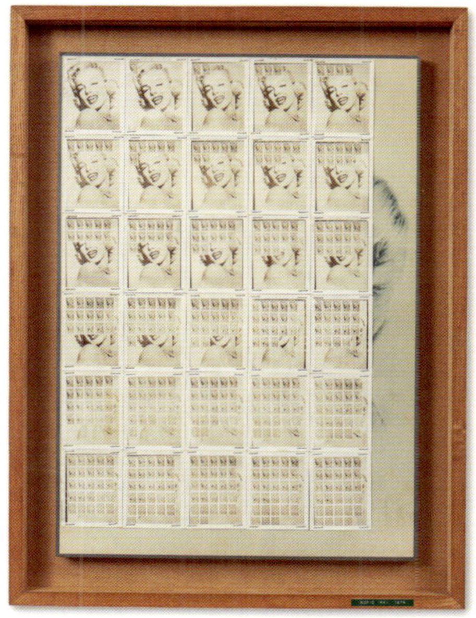

Fig. 7. Norio Imai. *MM*, 1974. Instant photograph mounted on wood (tirage instantané monté sur bois). 32 ½ x 24 ⅝ inches (82,6 x 62,6 cm)

En 2006, nous avons acheté la première photographie de la collection illustrant une vraie pharmacie. *Whelan's Drug Store, Eighth Avenue & West 44th Street, February 7, 1936*, (1936, p. 88), réalisée par Berenice Abbott, est une image en noir et blanc de l'intérieur d'une pharmacie new-yorkaise aujourd'hui disparue. Cette œuvre est tirée de son projet précurseur intitulé *Changing New York*, un documentaire photographique réalisé pendant la Grande Crise et fut publiée en 1939. Cette acquisition excitante a nourri ma quête pour d'autres images reliées aux pharmacies. (Plus tard, j'ai été contente de trouver le cliché extérieur d'une pharmacie Whelan par Brett Weston datant de 1944 [p. 109].) La collection se caractérise par une prédominance de clichés pris à New York. Grâce à sa solide communauté artistique en constante évolution, ainsi qu'à sa vie de quartier dynamique, New York a toujours été une destination de prédilection pour les photographes de rue. J'ai découvert que la pharmacie était omniprésente dans leurs clichés.

Barry Frydlender est un autre photographe qui a pris des clichés d'une façade de pharmacie à New York. Il a réalisé la magnifique photo *57th Street and Sixth Avenue* (2008, pp. 102 et 103), composée à partir de douzaines de clichés regroupés sous une photo panoramique de rue. La pharmacie Duane Reade de la photo était située juste en face de l'appartement où je vivais à ce moment-là; je la voyais tous les jours depuis la fenêtre de mon bureau. Un an après l'acquisition de la photo, Duane Reade fut rebaptisée et son enseigne a été modifiée, faisant de notre œuvre une photographie documentaire.

Au-delà de la thématique pharmaceutique, certaines pièces se rapprochent d'autres de par leur sujet similaire et créent des associations entre des œuvres disparates. Par exemple, l'image de Todd Selby *Jacques' Marilyn Monroe Pill Bottle* (2008, p. 46) montre un flacon de somnifères remis à l'actrice en 1957. (Ce flacon appartient maintenant à un décorateur d'intérieur français notoire, Jacques Grange, qui la présente sur un petit socle déposé sur une table de salon dans son élégante résidence parisienne.) Le photographe reporter montréalais George Zimbel a photographié *Marilyn and Billy Wilder, NYC* en 1954 (fig. 6), l'une des nombreuses images célèbres de Marilyn, ici debout sur une grille de métro, jupe au vent, prise alors qu'elle tournait le film

Other treasures were acquired through serendipity. An astute auction house salesman remembered that years before I was thrilled to purchase the collection's first Atget, a photograph of a pharmacy storefront (p. 90). He emailed to let me know that a wonderful photograph by Josef Breitenbach, *Penicillin* (c. 1946–49, p. 59), was coming up for sale. Taken only a few years after penicillin was first used to treat infections, it is one of our most beautiful images, and one that I probably never would have associated with our theme without knowing the title.

Over seventy pharmacy-related artworks spanning the history of photography from 1850 to the present hang on the walls of Pharmascience. Many photographic genres are represented: street photography, still life, portraiture, interiors, digital compositions, and mixed media. Taken as a whole, the collection tells a unique story, but each photograph also stands on its own as a compelling artwork. The collection has also changed the way I look at the world. Now, when I walk down the street anywhere, I see pharmacies as potential subject matter for an artwork. I notice pharmacological signs wherever I travel and appreciate the differences between them—I especially love the bright green signs of European pharmacies.

Buying art that brings pleasure to a larger public is a joy and privilege for me, and it is with great pride that we publish this book. The artworks in the Pharmascience collection tell a story about the history of photography and the role that pharmaceuticals play in our society, and, like pharmacy itself, they unite art, science, and commerce.

Notes

1. Parr included them in a 2002 traveling exhibition he curated that opened at The Photographers' Gallery, London, "Our True Intent Is All for Your Delight: The John Hinde Butlin's Photographs."

Sept ans de réflexion, et *MM* (fig. 7), un collage photo de Marylin Monroe datant de 1974 par l'artiste japonais Norio Imai, qui aborde les concepts de répétition et de re-photographie, utilisant l'actrice iconique comme point de départ.

Toutes les photos de pharmacie disponibles ne figurent pas dans la collection. (Je les traque depuis si longtemps que je peux maintenant les repérer au premier coup d'œil.) Certaines n'étaient pas assez convaincantes, d'autres dépassaient notre budget. Je regrette de ne pas en avoir acheté certaines, je souhaite pouvoir les acquérir un jour. D'autres, comme celle de Robert Frank intitulée *Detroit (Drug Store)* (1955, p. 147), ont nécessité beaucoup de patience. La première fois que j'ai vu cette photo, c'était lors de son exposition rétrospective de 2009 au Metropolitan Museum of Art. Comme il est l'un des photographes les plus importants de l'histoire de la photographie, je voulais l'inclure dans la collection, et cette image collait bien à notre thématique. Au fil des années, j'ai demandé à chaque marchand d'art de demeurer à l'affût d'un tirage de la photo. Enfin, en 2015, une photo est apparue aux enchères et j'ai pu l'acheter.

D'autres trésors ont été acquis par un heureux hasard. Un vendeur astucieux de la maison de ventes aux enchères s'est souvenu que, des années auparavant, j'avais été ravie d'acquérir une première œuvre d'Eugène Atget : une photo de la façade d'une pharmacie (p. 90). Il m'a envoyé un courriel m'informant qu'une magnifique photographie réalisée par Josef Breitenbach, *Penicillin* (c. 1946–49, p. 59), serait bientôt mise en vente. Prise quelques années seulement après la première utilisation de la pénicilline dans le traitement des infections, elle représente l'une de nos plus belles images, et je ne l'aurais probablement pas associée à notre thème si je n'en avais connu le titre.

Les murs de Pharmascience présentent plus de 70 œuvres sur la thématique de la pharmacie, couvrant toute l'histoire de la photographie de 1850 à nos jours. Bon nombre de genres photographiques y sont représentés : photo de rue, nature morte, portrait, intérieur, composition numérique et technique mixte. Dans son ensemble, la collection raconte une même histoire, mais chacune des œuvres se démarque et fascine. La collection a également modifié ma vision de l'univers. Maintenant, lorsque je déambule dans la rue où que ce soit dans le monde, je considère les pharmacies comme un sujet potentiel d'œuvre d'art. Je remarque les enseignes de pharmacie lors de mes voyages et j'apprécie leurs différences : j'aime particulièrement les enseignes d'un vert vif des pharmacies européennes.

C'est un plaisir et un privilège que d'acquérir de l'art qui s'offre au plaisir d'un plus vaste public, et c'est avec une immense fierté que je publie cet ouvrage. Les œuvres de la collection de Pharmascience racontent l'histoire de la photographie et le rôle joué par les produits pharmaceutiques dans notre société; comme la pharmacie en soi, elles réunissent l'art, la science et le commerce.

Notes

1. Parr les a incluses dans une exposition itinérante de 2002 qu'il a dirigée et qui a été lancée à la galerie The Photographers' Gallery à Londres, « Our True Intent Is All for Your Delight: The John Hinde Butlin's Photographs ».

A SPECIAL COLLECTION

David Campany

One morning last summer, I was preparing to meet with the celebrated American photographer Stephen Shore. Before he arrived, I looked carefully through *Uncommon Places,* the book of streetscapes that he had shot across America in the 1970s. My brother-in-law, who is a mechanic, was looking over my shoulder. "Were there a lot of MGB cars in America in the 1970s, or do you think he picked them out intentionally?" he wondered aloud. When the time came, we put the question to Shore. His eyes lit up: "Nobody has ever asked that before! At the time, my wife loved MGBs, and she drove one herself. Somehow they do recur in my pictures." Great photographs speak to serious admirers of great photographs, but that doesn't stop them from speaking to mechanics, or architects, or town planners, or meteorologists, or pharmacists.

Take a look at Shore's photograph *Holden St., North Adams, Massachusetts, 3/17/1974* (2000, p. 85). There is no MGB here but, if you look very closely, you will see a pharmacy. This might be a minor detail, or it might be significant. It depends who is doing the looking. This print is one of a number of street photographs containing pharmacies to be found in the Pharmascience collection. Alongside these pictures, the collection also includes many that refer to pharmacology in more direct ways. There are images of bottles, jars, pills, powders, and laboratories. There are portraits of pharmacists, doctors, and nurses. You will even find a photograph that is made from Adderall, Diflucan, chewable aspirin, and kava kava pills (p. 41).

Although "the pharmaceutical" is an unusual theme, the collection contains images by many of the very best photographers and artists throughout the history of the medium, and ranges from documentary and scientific pictures to mixed media and photosculptural pieces, from the nineteenth century to the twenty-first.

While the scope and aims of the Pharmascience collection are unique in the world of contemporary photography, there is a fascinating precedent. In 1936 Jean Bonthoux, a French pharmacist, launched *Mieux Vivre* (Live Better), a little magazine with big ambitions (figs. 8–11). Published in Paris, the aim was to commission the best writers and photographers to make contributions focused on popular themes.

UNE COLLECTION SPÉCIALE

de David Campany

Un matin de l'été dernier, je me préparais à rencontrer le célèbre photographe américain Stephen Shore. Avant son arrivée, j'examinais attentivement son ouvrage *Uncommon Places*, qui présente des paysages urbains américains des années 1970. Mon beau-frère, qui est mécanicien, regardait par-dessus mon épaule. « Est-ce qu'il y avait beaucoup de voitures MGB aux États-Unis dans les années 1970, ou crois-tu qu'il les a choisies délibérément? », se demanda-t-il tout haut. Le moment venu, nous avons posé la question à M. Shore. Ses yeux se sont illuminés : « Personne ne m'a jamais posé la question! À l'époque, ma femme aimait beaucoup les MGB, et d'ailleurs elle en possédait une. J'imagine que cela se reflète dans mes photos ». Les photos remarquables touchent les admirateurs sérieux, mais cela ne les empêche pas de toucher également des mécaniciens, ou des architectes, ou des urbanistes, ou des météorologues ou des pharmaciens.

Regardez bien la photo de Shore *Holden St., North Adams (Massachusetts), 3/17/1974* (2000, p. 85). On ne voit pas de MGB, mais si vous regardez attentivement, vous apercevrez une pharmacie. Ce peut être un détail insignifiant, ou cela peut avoir une importance. Cela dépend de la personne qui la regarde. Ce cliché est l'une des photos de rue montrant une pharmacie que contient la collection de Pharmascience. Outre ces images, la collection comprend plusieurs photos qui évoquent la pharmacologie de manière plus directe. S'y trouvent des images de bouteilles, de pots, de pilules, de poudre et de laboratoires. S'y trouvent aussi des portraits de pharmaciens, de médecins et d'infirmières. Vous verrez même une photo dont l'image a été composée à partir de poudre des médicaments Adderall et Diflucan, d'aspirine à croquer et de capsules de kawa (p. 41).

Bien que le secteur pharmaceutique représente un thème inhabituel, la collection contient des photos prises par plusieurs des meilleurs photographes et artistes tout au long de l'histoire du médium, alliant les images documentaires et scientifiques avec des éléments de techniques mixtes et photosculpturaux, le tout s'échelonnant du 19e siècle au 21e siècle.

Bien que la portée et les intentions de la collection de Pharmascience soient uniques dans l'univers de

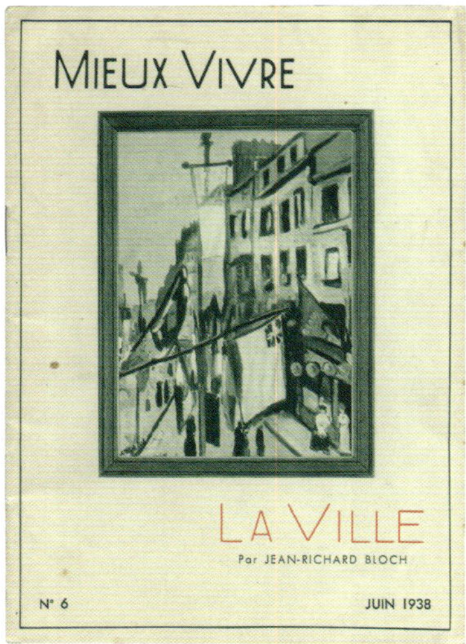

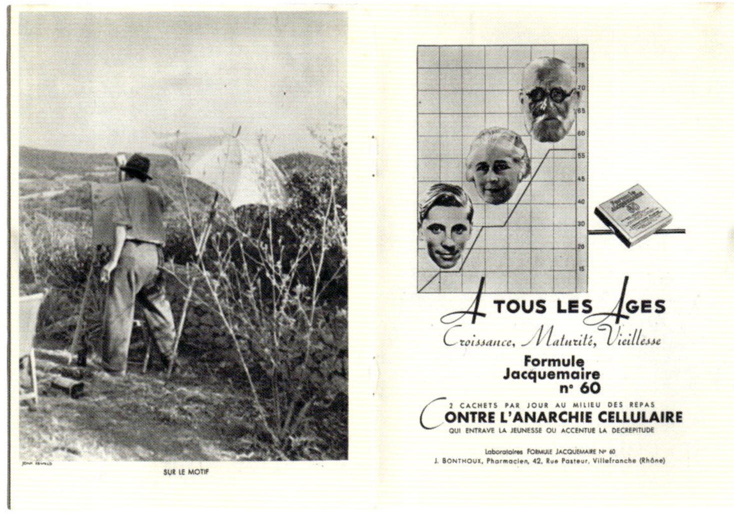

Figs. 8, 9. Mieux Vivre 6 (June 1938), « La Ville » (The City)

Each twenty-four-page issue was dedicated to one topic: skiing, sailing, cycling, fish, bread, painting, sculpture, cinema, and photography, among others. Each one had a lead essay—the great Colette wrote on flowers, Kees van Dongen on painting, Maurice de Vlaminck on farming. Along with the writing were newly commissioned images by some of the most well-known and inventive photographers of the 1930s, including Brassaï, Nora Dumas, André Kertész, Emmanuel Sougez, and Ylla. The advertising pages were just as attractive, also featuring exclusively commissioned images promoting the latest pharmaceutical products (notably Formule Jacquemaire No. 60, a wonder drug purported to have all manner of health benefits).

It was a time when little regard was given to the pedantic separation of the fine and applied arts. Photography was exciting because it clearly straddled both. Its ability to belong equally to the spaces of art and commerce was central to its boundary-breaking modern appeal. Precious and beautifully designed, *Mieux Vivre* was not for sale but given away, and readers were encouraged to collect each of the forty-five published issues. Unfortunately, like so many creative projects of the 1930s, it was snuffed out by the arrival of war.

Mieux Vivre was difficult to categorize, and as a result it has been all but forgotten.[1] Nevertheless its parallels with the kind of creative thinking that has shaped the Pharmascience collection are striking. Images of all kinds are brought together around a theme, and the configuration opens up new ways of thinking about the subject matter, and about photography itself as a medium of art and documentation.

This book is a celebration of the works in this collection and their makers. But it is much more than that. It is also a reflection on the place of the pharmaceutical in society at large, a consideration of the unexpected links between photography and pharmacy, and hopefully, a provocative rethinking of what a collection of photographs can be.

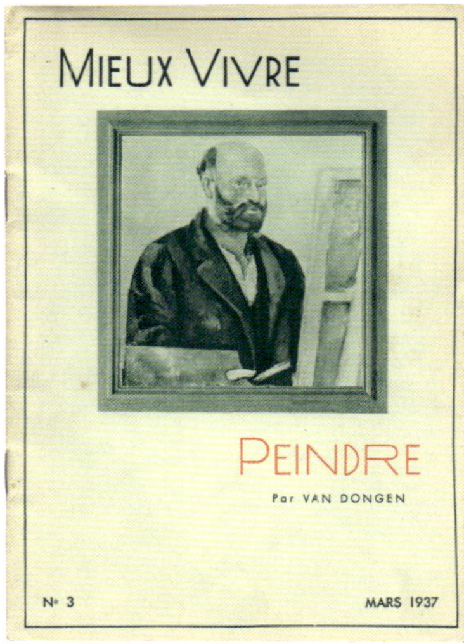

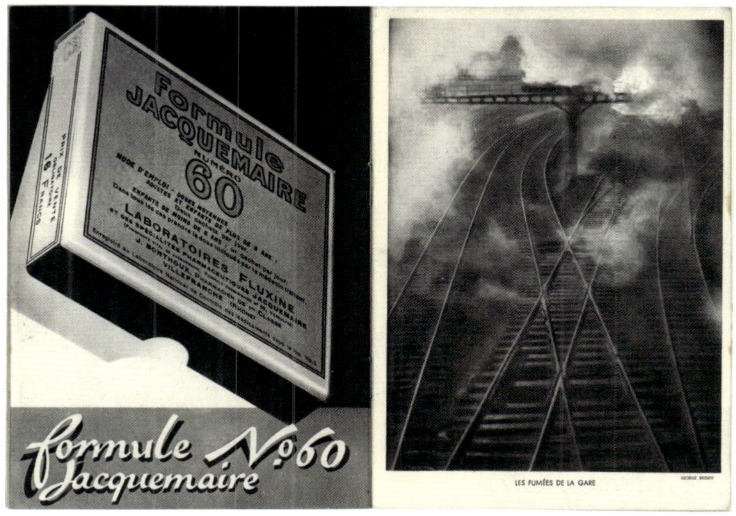

Figs. 10, 11. Mieux Vivre 3 (March 1937), « Peindre » (Painting)

la photographie contemporaine, il existe un précédent très intéressant. En 1936, Jean Bonthoux, pharmacien français, a lancé *Mieux Vivre*, une petite revue porteuse de grandes ambitions (fig. 8 à 11). Publiée à Paris, elle visait à solliciter la contribution des meilleurs écrivains et photographes sur des thèmes populaires. Chaque numéro de 24 pages était consacré à un thème particulier : le ski, la voile, le vélo, les poissons, le pain, la peinture, la sculpture, le cinéma et la photographie, pour n'en citer que quelques-uns. L'article principal de chacun était confié à un auteur renommé. Ainsi, la célèbre Colette a écrit sur les fleurs, Kees van Dongen sur la peinture et Maurice de Vlaminck sur l'agriculture. En plus des articles, la revue présentait des images commandées à certains des photographes les plus prisés et créatifs des années 1930, y compris Brassaï, Nora Dumas, André Kertész, Emmanuel Sougez et Ylla. Tout aussi attrayantes, les pages publicitaires proposaient également des images exclusives faisant la promotion des tout derniers produits pharmaceutiques (notamment Formule Jacquemaire 60, un médicament miracle censé avoir toutes sortes d'effets bénéfiques sur la santé).

C'était une période où l'on faisait peu de cas de la distinction doctrinale entre arts appliqués et beaux-arts. La photographie était fascinante, car elle conjuguait les deux. Si son attrait moderne repoussait si bien les frontières, c'est qu'elle relevait à la fois de l'art et du commerce. Précieuse et élégamment conçue, la revue *Mieux Vivre* n'était pas vendue, mais offerte gratuitement, et les lecteurs étaient invités à collectionner chacun des 45 numéros. Malheureusement, comme bon nombre de projets créatifs des années 1930, elle n'a pas survécu à l'arrivée de la guerre.

Difficile à catégoriser, *Mieux Vivre* a ainsi sombré dans l'oubli.[1] Néanmoins, les parallèles avec le genre d'idées créatives qui ont façonné la collection de Pharmascience sont frappants. Des images de toutes sortes sont regroupées autour d'un thème, dans une configuration qui ouvre la voie à de nouvelles idées, aussi bien sur le sujet traité que sur la photographie elle-même en tant que médium d'art et de documentation.

Le présent ouvrage célèbre les œuvres de cette collection et leurs créateurs respectifs mais il va bien au-delà de ceci. Il propose également une réflexion sur la place du secteur pharmaceutique dans la société

A photograph organizes visual information. Point of view, framing, focus, timing—these are decisions a photographer makes. To some extent, the way a photographer structures his or her picture implies a hierarchy of seeing that the viewer is encouraged to adopt. *Look at this, not that. This is important, that less so.* But the photographer can never control entirely what the viewer looks at, or what he or she will find to be significant. It is part of the nature of the medium that it includes bits and pieces of visual information that may seem secondary or peripheral. If you make a photograph in anything other than very controlled studio conditions, you will get more in your frame than you bargained for. That excess, beyond will or intention, could be in the background, the foreground, or even something surprising right there in plain sight. As the photographer Lee Friedlander once put it: "I only wanted Uncle Vernon standing by his own car (a Hudson) on a clear day, I got him and the car. I also got a bit of Aunt Mary's laundry and Beau Jack, the dog, peeing on the fence, and a row of potted tuberous begonias on the porch and 78 trees and a million pebbles in the driveway and more. It's a generous medium, photography."[2]

Consider an image from the Pharmascience collection by Friedlander himself. *LA, 1970* (1970, p. 94) is a virtuoso street composition, showing his remarkable ability to juggle huge amounts of conflicting visual information. What at first seems almost Cubist in its abstraction is actually a view from the driver's left-hand side window looking across a street, and backwards down the street via the side mirror of the photographer's truck. While driving, we see views like this all the time and most of us—maybe all of us except for Friedlander—would skip over them as so much optical noise. I have been looking at this photograph for years and noticed only recently that amid the organized chaos is a pharmacy. Did Friedlander notice it when he took this shot? Did he notice it when he printed it? We can only speculate.

This richness of visual information is characteristic of images made with lenses, and its implications are profound. On one hand, it is what guarantees the illusion of realism. Detail provides atmosphere, a sense of particularity, *believability*. This is why photographs containing dirt or chaos seem more real than photographs of places or people that are perfectly clean and blemish-free. (The more we use Photoshop to "perfect" an image of a face, for example, the less real it looks. It becomes, literally, *cosmetic*.) On the other hand, detail will always be excessive. There is something essentially wild and uncontainable about photography. Its meanings can never be fully predicted or harnessed. We cannot know what a future audience or a motivated viewer will find within it.

Lee Friedlander's street scene, like Stephen Shore's, contains a pharmacy, as do images in the collection by Cindy Sherman (p. 132), Bill Owens (p. 120), Joel Meyerowitz (p. 84), Vivian Maier (p. 128), and William Klein (p. 123), to name a few. I use the word "contains" advisedly, since we cannot tell if the presence of these pharmacies was of primary visual importance to the photographers, secondary importance, or of no importance at all. It only goes to show that the meaning of a photograph lies not in its origin but in its destination. Ultimately that destination is *you*, the viewer. On its journey to you, however, the context of an image will shape how it is received. That context can be rudimentary or it can be unexpected. Collecting street photographs according to the incidental presence of pharmacies is a way of catching the image and the viewer by surprise. Our habits of seeing are given a shake-up. It's obvious

en général, une analyse des liens insoupçonnés entre la photographie et la pharmacie. Puis espérons-le, une redéfinition audacieuse de ce que peut être une collection de photographies.

Une photo organise l'information visuelle : point de vue, cadrage, mise au point, choix de l'instant. Voilà tant de décisions que doit prendre le photographe. Dans une certaine mesure, la façon dont un photographe structure son image induit une hiérarchie visuelle que le spectateur est invité à adopter. *Regardez ceci, pas cela. Ceci est important, cela l'est moins.* Mais le photographe ne pourra jamais contrôler entièrement ce que le spectateur considère comme important. Il est dans la nature même du médium d'inclure des éléments et des bribes d'information visuelle qui peuvent sembler secondaires ou marginaux. Si vous prenez une photo dans un environnement autre qu'un studio aux conditions très contrôlées, votre cadrage englobera forcément des éléments imprévus. Ces éléments non intentionnels pourraient se trouver à l'arrière-plan, à l'avant-plan voire en plein cœur de l'image, à la vue de tous. Pour reprendre les mots du photographe Lee Friedlander : « Je voulais juste oncle Vernon à côté de sa voiture (une Hudson) par temps clair, alors je les ai photographiés, lui et la voiture. J'ai également photographié une partie de la lessive de tante Mary, le chien Beau Jack urinant sur la clôture, une rangée de bégonias tubéreux en pot sur la galerie, 78 arbres ainsi qu'un million de cailloux dans l'entrée et bien plus. La photographie est un medium généreux »[2]

Prenez *LA, 1970* (1970, p. 94), une image de la collection de Pharmascience par Friedlander lui-même. La photo est une composition de rue géniale, démontrant sa remarquable aptitude à jongler avec un énorme volume d'information visuelle. Ce qui semble de prime abord être de l'art cubiste par son abstraction représente en fait une vue de l'autre côté de la rue depuis la fenêtre côté conducteur et de l'arrière par le rétroviseur latéral du camion du photographe. En conduisant, nous sommes sans arrêt exposés à de telles perspectives, et la majorité d'entre nous – peut-être nous tous, sauf Friedlander – n'y prêteraient aucune attention. Je regarde cette photo depuis des années et je n'ai remarqué que récemment la présence d'une pharmacie au milieu du chaos organisé. Friedlander l'a-t-il remarquée lorsqu'il a pris la photo? Ou lorsqu'il l'a publiée? Nous ne pouvons que spéculer.

Cette richesse d'information visuelle est caractéristique des images captées par une lentille, et ses incidences sont multiples. D'une part, c'est ce qui garantit l'illusion de réalisme. Les détails créent une ambiance, une représentation particulière, une *plausibilité.* C'est pourquoi les photos présentant de la poussière ou du chaos semblent plus vraies que les photos de lieux ou de personnages propres et sans imperfections. (Plus nous utilisons Photoshop pour « parfaire » un visage, par exemple, moins il semble vrai. Il devient littéralement *cosmétique.*) D'autre part, les détails seront toujours envahissants. Il y a quelque chose de libre et d'incontrôlable dans la photographie. Sa signification ne peut jamais être totalement prévue ni maîtrisée. Nous ne pouvons prédire ce qu'y verra le grand public ou l'observateur attentif.

La scène de rue de Friedlander, à l'instar de celle de Stephen Shore, comporte une pharmacie, tout comme les images de Cindy Sherman (p. 132), de Bill Owens (p. 120), de Joel Meyerowitz (p. 84), de Vivian Maier (p. 128), de William Klein (p. 123) et bien d'autres présentes dans la collection. J'utilise à dessein le mot « comporte », puisque nous ne pouvons savoir si la présence de ces pharmacies était d'une importance

once you notice it: pharmacies are as present in the background of our photographs as they are in the background of our streets.

For a number of reasons, the pharmacy has held a key place in the history of photography. It is where, for decades, countless millions of American and European amateur photographers bought their rolls of film. It is also where they dropped them off once they had exposed them, returning a few hours or days later to collect their packets of small glossy prints. Thus, the more active the photographer, the more intimate with the pharmacy he became. From time to time, photographers needed to quickly shoot the last frame or two to finish the roll before handing it over. If you were to look at the masses of informal photo archives assembled by twentieth-century amateurs, you would probably find many images of pharmacy exteriors. They really were some of the most photographed of everyday places.

Buying film, bringing it back, and then collecting prints entailed three separate visits, a routine that pharmacies were eager to capture. Moreover, many pharmacies became neighborhood hubs, serving food as well as selling pharmaceuticals, household goods, and photographic items. Robert Frank's *Detroit (Drug Store)* (1955, p. 147) from his classic book *The Americans*, is a typical view of a mid-century pharmacy lunch counter. It is also a sociological goldmine, packed with period detail. Frank's mentor in photography, Walker Evans, talked of the "hungry eye" being as keen as the stomach to digest what is in front of it. Frank probably stood at the end of that counter and, while waiting to feed himself, took in the scene with his Leica camera to his eye.

The pivotal figure in the Pharmascience collection is the American photographer Berenice Abbott. She is unique here in having photographed the world of pharmacology both in her urban photography and in her later studio work. She also had connections with several of the other photographers represented in the collection. As an aspiring sculptor, Abbott went to Paris in 1921 and was hired as a darkroom assistant two years later by Man Ray (also an émigré from the United States). She immediately switched to photography. By coincidence, the French photographer Eugène Atget lived on the same street as Man Ray's studio. Atget's extensive documentation of Paris and its environs already included several images of pharmacy shop fronts (pp. 90–91), although they were old-fashioned examples—he rarely photographed anything notably contemporary, skipping the modern revolution in retail design that had produced several stylish pharmacies in Paris (fig. 12). The young Abbott befriended the aging Atget, eventually bringing a large archive of his work to New York, where she championed it for decades. She also showed it to other photographers, including Walker Evans, whose well-known image of a barber outside her premises next to a pharmacy (p. 113) is also in the collection.

In 1935, Abbott was hired by the U.S. government's Federal Art Project and set about her ambitious five-year survey project Changing New York, very much in the spirit of Atget and Evans. The rapid transformation of the city's varied architecture took center stage, and her project included the exteriors and interiors of several shops, notably *Whelan's Drug Store, Eighth Avenue & West 44th Street, February 7, 1936* (1936, p. 88). Like Robert Frank's lunch counter, Abbott's interior shot is a rich historical document. It tells you all you need to know about the comprehensive inventory of a 1936 Whelan's. Toasters, thermostats,

capitale, secondaire ou négligeable aux yeux du photographe. Cela montre que la signification d'une photo dépend non pas de son origine, mais plutôt de sa destination. En fin de compte, c'est *vous*, le spectateur, qui êtes cette destination. Toutefois, le contexte d'une image façonnera la manière dont elle sera perçue. Ce contexte peut être embryonnaire ou encore inattendu. Collectionner des photos de rue en raison de la présence fortuite de pharmacies est une façon de redéfinir l'image et de surprendre le spectateur. Notre perception instinctive s'en trouve bouleversée. C'est évident dès que vous le remarquez : les pharmacies sont aussi subtilement présentes dans nos photos qu'elles le sont dans nos rues.

Pour diverses raisons, la pharmacie a tenu une place essentielle dans l'histoire de la photographie. Pendant des décennies, c'est là que des millions de photographes amateurs américains et européens achetaient leurs rouleaux pellicule. C'est également là qu'ils les déposaient une fois exposés, pour revenir quelques heures ou jours plus tard récupérer leurs petites enveloppes de photos lustrées. Donc, plus le photographe était actif, plus ses liens avec la pharmacie se resserraient. À l'occasion, les photographes devaient prendre un ou deux derniers clichés au moment de finir la pellicule avant de la remettre. Si nous avions accès aux volumineuses archives provenant de photographes amateurs du 20e siècle, nous verrions probablement de nombreuses devantures de pharmacie. Elles comptent parmi les lieux du quotidien les plus photographiés.

Acheter une pellicule, la déposer, puis venir cueillir les photos suppose trois visites, un scénario que les pharmacies étaient impatientes d'exploiter. De plus, plusieurs pharmacies sont devenues des lieux de convergence locaux servant de la nourriture en plus de vendre des produits pharmaceutiques, des articles ménagers et des articles de photographie. La photo *Detroit (Drug Store)* (1955, p. 147) de Robert Frank, tirée de son célèbre livre *The Americans*, illustre une scène typique d'un comptoir de casse-croûte dans une pharmacie du milieu du siècle. C'est aussi une mine d'or sociologique, remplie de détails de l'époque. Le mentor de Frank en photographie, Walker Evans, évoquait « l'œil affamé » aussi désireux que l'estomac de digérer ce qu'il a devant lui. Frank s'est tenu au bout du comptoir et, probablement dans l'attente de son repas, a croqué la scène avec son Leica.

La photographe centrale de la collection de Pharmascience est l'Américaine Berenice Abbott. Elle se distingue par le fait qu'elle a capté l'univers de la pharmacologie autant dans ses photos urbaines que dans son travail ultérieur en studio. En outre, elle connaissait bien plusieurs autres photographes figurant dans la collection. Sculptrice en devenir, Abbott se rendit à Paris en 1921, où elle fut embauchée deux ans plus tard par Man Ray (lui aussi émigré des États-Unis) à titre d'assistante en chambre noire. Elle se convertit immédiatement à la photographie. Par le plus grand des hasards, la résidence du photographe français Eugène Atget se trouvait sur la même rue que le studio de Man Ray. La documentation exhaustive de Paris et de ses environs par Atget comprenait déjà des versions antiques de devantures de pharmacie (pp. 90 et 91), car il immortalisait rarement des objets contemporains, ignorant du coup les élégantes façades de pharmacies parisiennes issues de la révolution moderne du design commercial (fig. 12). Malgré leur différence d'âge, la jeune Abbott se lia d'amitié avec Atget et elle rapporta plus tard à New York une grande partie de son travail, qu'elle défendit pendant des décennies. Elle le montra également à d'autres photographes, y

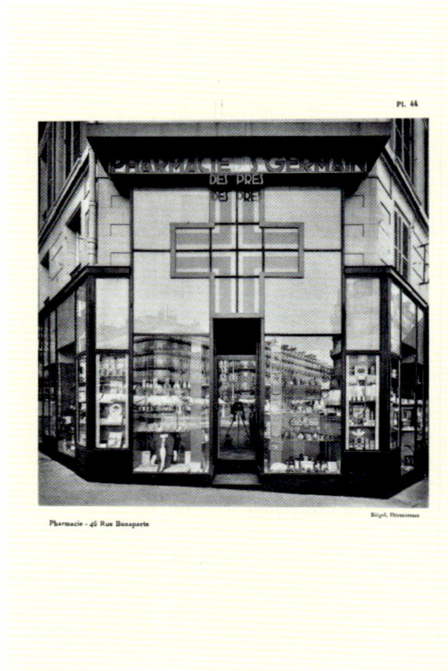

Fig. 12. Marius Gravot. *Pharmacie – 45 Rue Bonaparte (Paris)*, 1929

clocks, and cake tins: they're all here, with the pharmaceutical products shelved behind the counter in the background. (If you want to glimpse a later Whelan's, have a look at Brett Weston's tightly packed frame from 1944 [p. 109], or Marvin Newman's evocative night shot from the following decade [p. 143].)

Berenice Abbott's wide-ranging interests also included the scientific and educational applications of photography. After World War II, she made a number of notable inventions in the field of photographic equipment, eventually turning away from city streets and towards the science lab. Along with making photographic illustrations for several physics textbooks, she produced many photographs related to chemistry. "We live in a world made by science," she wrote, "but we—the millions of laymen—do not understand or appreciate the knowledge which controls our daily lives."[3] Abbott's pharmaceutical photographs have an educational clarity to them. She used the camera to point viewers clearly to what they needed to see. She had a mastery of the kind of industrial photography that was easy to look at but always self-effacing, as if presenting the subject matter for inspection.

Fashions change, and even industrial photography now has a different aesthetic. Abbott's photograph of bottles containing chemical compounds (p. 52) now looks as charmingly dated as a vintage Buick. As does an example shot by Paul Outerbridge (p. 58). Nevertheless, while many of the more recent photographs in the collection were made very self-consciously as artworks (for example, see p. 55), it is clear that the legacy of twentieth-century industrial photography looms large. The British artist Damien Hirst has made many sculptures, paintings, and installations related to pharmaceuticals, presenting various drugs and medical cabinets as if they were a kind of indirect form of human portraiture. And, since the early 1990s, Hirst has hired skilled professionals to help him realize his photographs. But extract the gorgeous color from his eye-catching print *Pharmaceuticals* (2005, p. 31) and it would resemble a typical 1930s advertising illustration.

Pills come in all the colors of the rainbow for practical reasons. If we drop them, they stand out from their surroundings, and we can also distinguish them from one another. Their chromatic variation also

compris Walker Evans, dont la fameuse photo d'une femme barbier à l'extérieur de son salon contigu à une pharmacie (p. 113) figure aussi dans la collection.

En 1935, Abbott fut embauchée par le Federal Art Project du gouvernement américain et entreprit son ambitieux projet de recherche quinquennal *Changing New York*, dans le pur esprit d'Atget et d'Evans. Au cœur de son projet : la transformation rapide de l'architecture hétérogène de la métropole, telle que visible dans les intérieurs et les extérieurs de commerces, notamment *Whelan's Drug Store, Eighth Avenue & West 44th Street, February 7, 1936* (1936, p. 88). Tout comme le comptoir de casse-croûte de Robert Frank, la photo d'intérieur d'Abbott constitue un document historique particulièrement riche. Elle révèle l'étendue des marchandises en vente dans une pharmacie Whelan en 1936. Grille-pain, thermostats, horloges et moules à gâteau : ils sont tous là, tandis que les produits pharmaceutiques apparaissent sur les rayons derrière le comptoir, à l'arrière-plan. (Pour voir à quoi ressemblait une pharmacie Whelan des années plus tard, jetez un œil à la scène encombrée captée par Brett Weston en 1944 [p. 109], ou au tableau nocturne évocateur saisi par Marvin Newman la décennie suivante [p. 143].)

Les vastes champs d'intérêt de Berenice Abbott comprenaient également les applications scientifiques et pédagogiques de la photographie. Après la Deuxième Guerre mondiale, elle a donné naissance à bon nombre d'inventions en matière d'équipement photographique, délaissant ultimement les rues de la ville pour les laboratoires de science. En plus d'illustrer par son travail plusieurs manuels de physique, elle a réalisé de nombreuses photos concernant la chimie. « Nous vivons dans un monde régi par la science, écrivait-elle, mais les millions de profanes que nous sommes ne comprenons pas ou n'apprécions pas les lois qui déterminent notre quotidien. »[3] Les clichés pharmaceutiques d'Abbott sont d'une clarté hautement pédagogique. Elle a utilisé l'appareil-photo pour attirer l'œil du spectateur précisément sur ce qu'il devait voir. Sa maîtrise de la photographie industrielle rendait le propos facile à saisir, elle-même se tenant en retrait pour laisser toute la place au sujet.

La mode évolue, et même la photographie industrielle présente aujourd'hui une esthétique différente. La photo de bouteilles contenant des composés chimiques (p. 52) prise par Abbott paraît maintenant aussi joliment désuète qu'une vieille Buick, tout comme l'exemple photographié par Paul Outerbridge (p. 58). Toutefois, bien que bon nombre de photos plus récentes de la collection revendiquent le statut d'œuvres d'art (p. 55, par exemple), il en ressort que l'héritage de la photographie industrielle du 20e siècle occupe une grande place. L'artiste britannique Damien Hirst a produit de nombreuses sculptures, peintures et installations à thématique pharmaceutique, présentant médicaments et vitrines médicales comme s'il s'agissait d'une forme détournée de portrait humain. Depuis le début des années 1990, Hirst a embauché des professionnels chevronnés pour l'aider à réaliser ses photos. Sans ses couleurs vives, sa saisissante œuvre *Pharmaceuticals* (2005, p. 31) ressemblerait à une illustration publicitaire typique des années 1930.

Les comprimés reprennent toutes les couleurs de l'arc-en-ciel pour des raisons pratiques; s'ils tombent, ils seront plus faciles à retrouver, et c'est également une façon de les différencier. Leurs variations chromatiques les rendent en outre très photogéniques. Il n'y a pas que leur apparence qui ait attiré l'attention d'artistes tels que Hirst, Michele Abeles (p. 140), Gary Munden (p. 72) et Marina Pinsky (pp. 32 et 33). En effet, l'attrait visuel des comprimés fait contrepoids au côté sombre de plusieurs œuvres contemporaines traitant de criminalité,

makes them deeply photogenic. Appearance, though, is not the only reason they have caught the attention of artists such as Hirst, Michele Abeles (p. 140), Gary Munden (p. 72), and Marina Pinsky (pp. 32–33). Indeed, the visual appeal of pills is the counterpoint to the darker side of many contemporary artworks dealing with criminality, dependence, and long-term treatment. Wolfgang Tillmans's *17 Years' Supply* (2013, p. 34) is a view straight down into a cardboard box containing dozens of empty canisters of the artist's HIV medication. Each one bears his name and testifies to his continued life. Taryn Simon's expositional grid *Pharmaceuticals Misc. (Counterfeit/Illegal/Prohibited)* (2010, pp. 37–39) comes from her series Contraband, a huge pictorial inventory of items seized at New York City's John F. Kennedy International Airport, either from passengers entering the U.S. or contained in packages mailed to the U.S. and intercepted by customs officers. The forensic aesthetic of Simon's images underscores the limits of photography: these objects are intended to fool the eye, pretending to be something they are not.

If contemporary photographers view pharmaceuticals with a jaded but fascinated gaze, they are not entirely to blame. It is, surely, a symptom of a wider societal equivocation. This ambivalence may stem from individual experience, but it also arises from mass media imagery. We tend to see pharmaceuticals either through the hyper-positivity of advertising or through dramas in which they are abused—both fictive lenses, I might add. Ours is a visual culture in which the advanced science of medicine is barely explored. Little wonder the pharmacological world fills the public with as much trepidation as fascination.

What is most revealing about the Pharmascience collection is how it comes so close to expressing the place of pharmaceuticals in modern life. To follow the curatorial line from street photographs in which the pharmacy is incidentally present to images that directly capture its pills and paraphernalia is to understand how the pharmaceutical slips in and out of our daily focus. But it is always there.

Notes

1. The only critical writing on *Mieux Vivre* that I am aware of is the recent appraisal by Sara Knelman in the photography journal *Aperture* 222 (Spring 2016): 23–24.
2. Lee Friedlander, *The Desert Seen* (New York: D.A.P./Distributed Art Publishers, Inc., 1996), 104.
3. Berenice Abbott, quoted in George Sullivan, *Berenice Abbott, Photographer: An Independent Vision* (Boston: Clarion Books, 2006), 110.

de dépendance et de traitements à long terme. La photo de Wolfgang Tillmans *17 Years' Supply* (2013, p. 34) est une vue en plongée d'un carton contenant des douzaines de flacons vides des médicaments anti-VIH de l'artiste. Chacun d'eux porte son nom et témoigne de sa survie. L'installation de Taryn Simon intitulée *Pharmaceuticals Misc. (Counterfeit/Illegal/Prohibited)* (2010, pp. 37–39) est tirée de sa série *Contraband*, un immense inventaire visuel d'articles saisis à l'aéroport international John F. Kennedy de New York ou contenus dans des colis envoyés aux États-Unis et interceptés par les douaniers. L'esthétique judiciaire des images de Simon remet en question les limites de la photographie : ces articles visent à tromper l'œil, feignant d'être ce qu'ils ne sont pas.

Si les photographes contemporains jettent sur le monde pharmaceutique un regard tantôt cynique, tantôt fasciné, ils ne sont pas les seuls à blâmer. C'est sûrement le symptôme d'une ambivalence collective qui peut découler autant de l'expérience individuelle que des images diffusées par les médias de masse. Nous sommes portés à percevoir les produits pharmaceutiques soit à travers le filtre hyperpositif de la publicité, soit en nous focalisant sur les dramatiques axées sur leur abus, les deux étant enracinés dans la fiction, ajouterais-je. Nous baignons dans une culture visuelle où l'avancement de la science médicale est très peu exploré. Comment s'étonner que le monde pharmaceutique éveille à la fois l'appréhension et la fascination du public?

Ce qui définit le mieux la collection de Pharmascience demeure la façon dont elle tente de décrire la place des produits pharmaceutiques dans la vie moderne. Suivre sa philosophie de conservation – qui permet d'inclure tant des photos de rue où une pharmacie est accidentellement présente que des représentations directes de comprimés et d'attirails – c'est non seulement admettre que les produits pharmaceutiques entrent et sortent de notre conscience, mais qu'ils sont toujours là.

Notes

1. À ma connaissance, la seule critique négative au sujet de *Mieux Vivre* est la récente opinion de Sara Knelman publiée dans le journal de photographie *Aperture* 222 (Printemps 2016), 23 et 24.
2. Lee Friedlander, *The Desert Seen* (New York: D.A.P./Distributed Art Publishers, Inc., 1996), 104.
3. Berenice Abbott, citée dans George Sullivan, *Berenice Abbott, Photographer: An Independent Vision* (Boston: Clarion Books, 2006), 110.

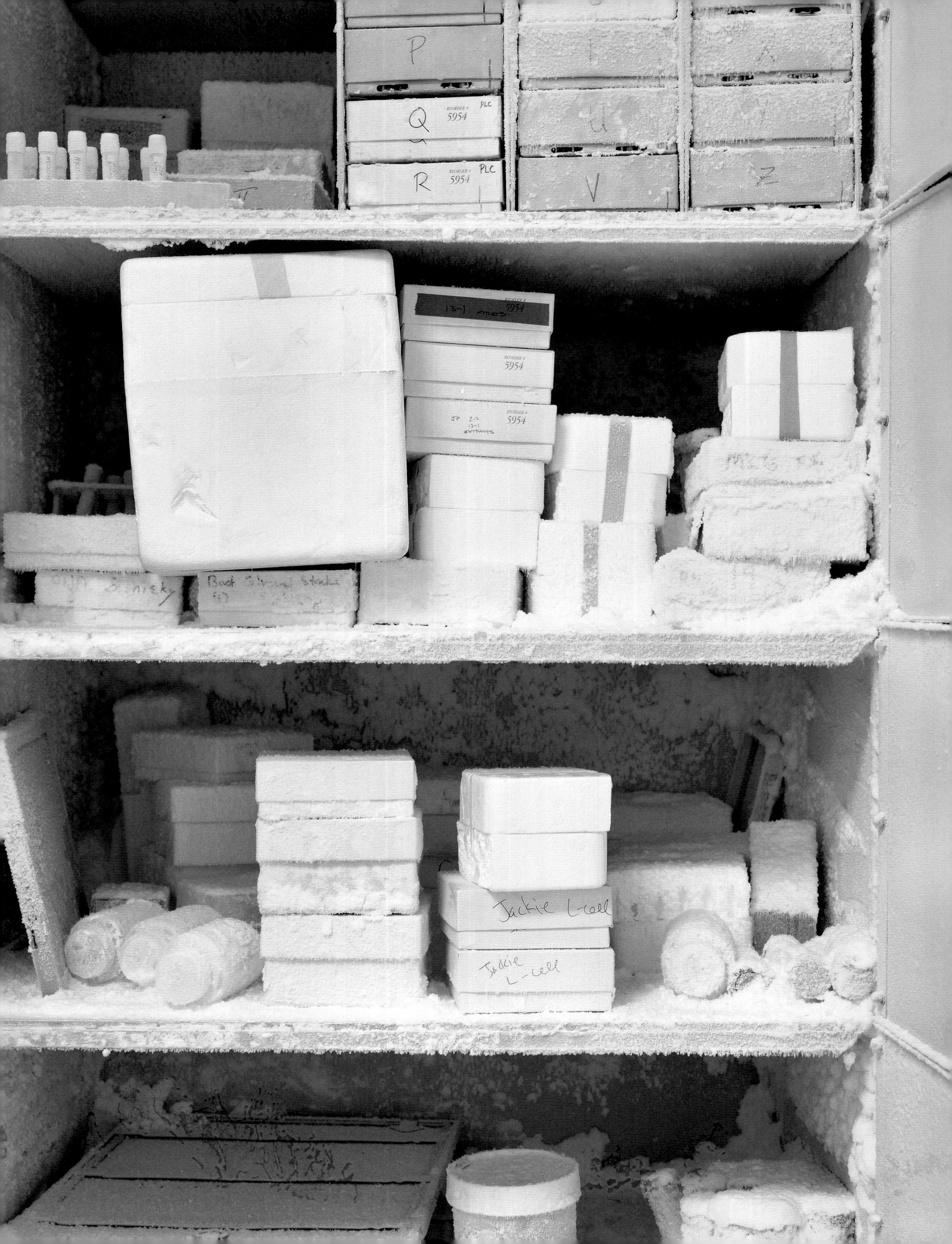
P
Q
REORDER #
5954
PLC
R
REORDER #
5954
PLC
V
13-1
5954
5954
JP Z-2
13-1
EXTRACTS
5954
Jackie L-cell
Jackie
L-cell

Personal Boxes
Tumor Tissue Box 8
Tumor Box 11
Tumor Tissue #3
Tumor Tissue Box 4
Tumor Box 15
Tumor Box 13

Damien Hirst. *Pharmaceuticals*, 2005. Pigment print (tirage pigmentaire). 49 ⅞ x 40 ⅛ inches (126,7 x 101,8 cm)

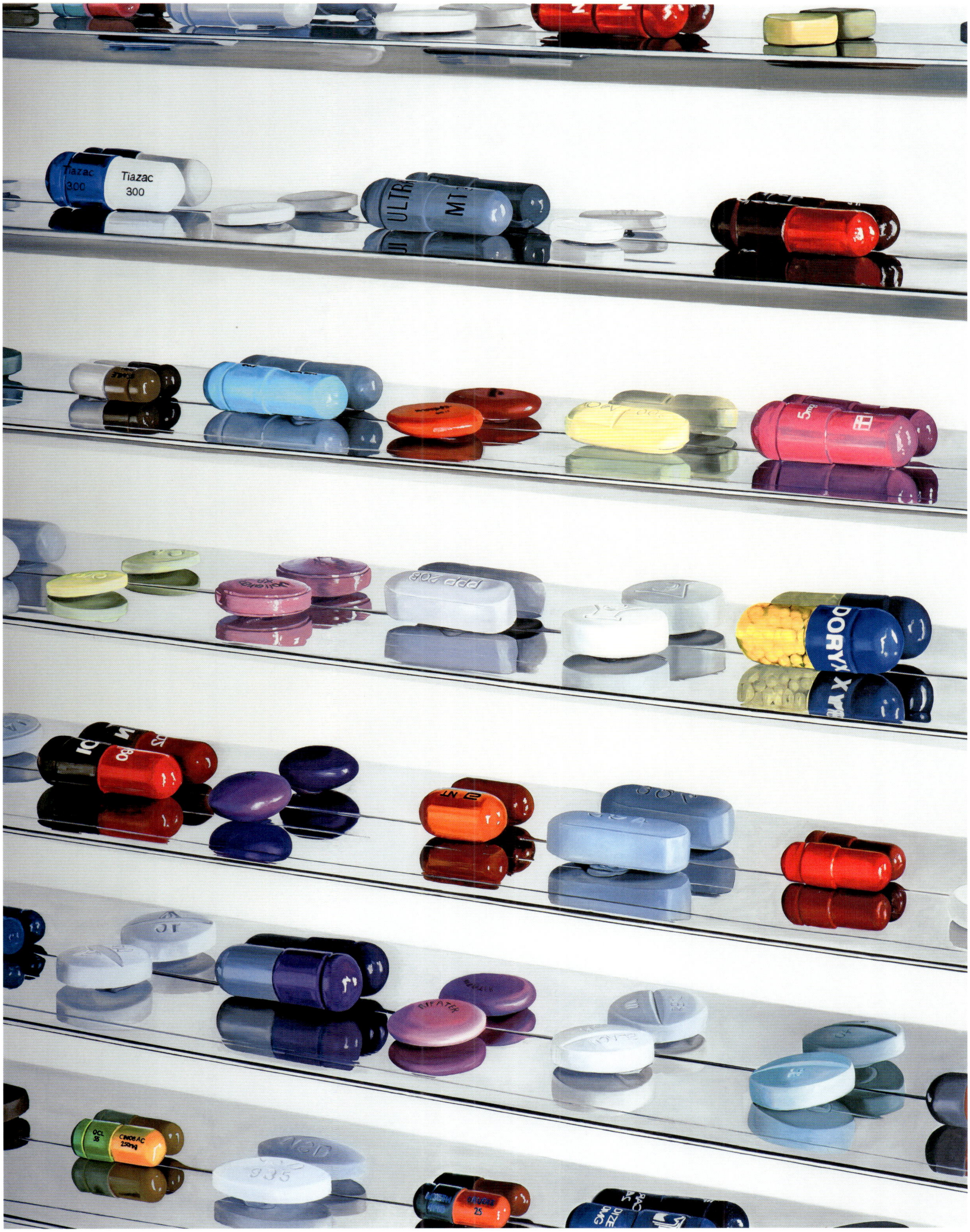
Tiazac
300
Tiazac
300
ULTRA
MT
5mg
DORYX
CINOBAC
250mg

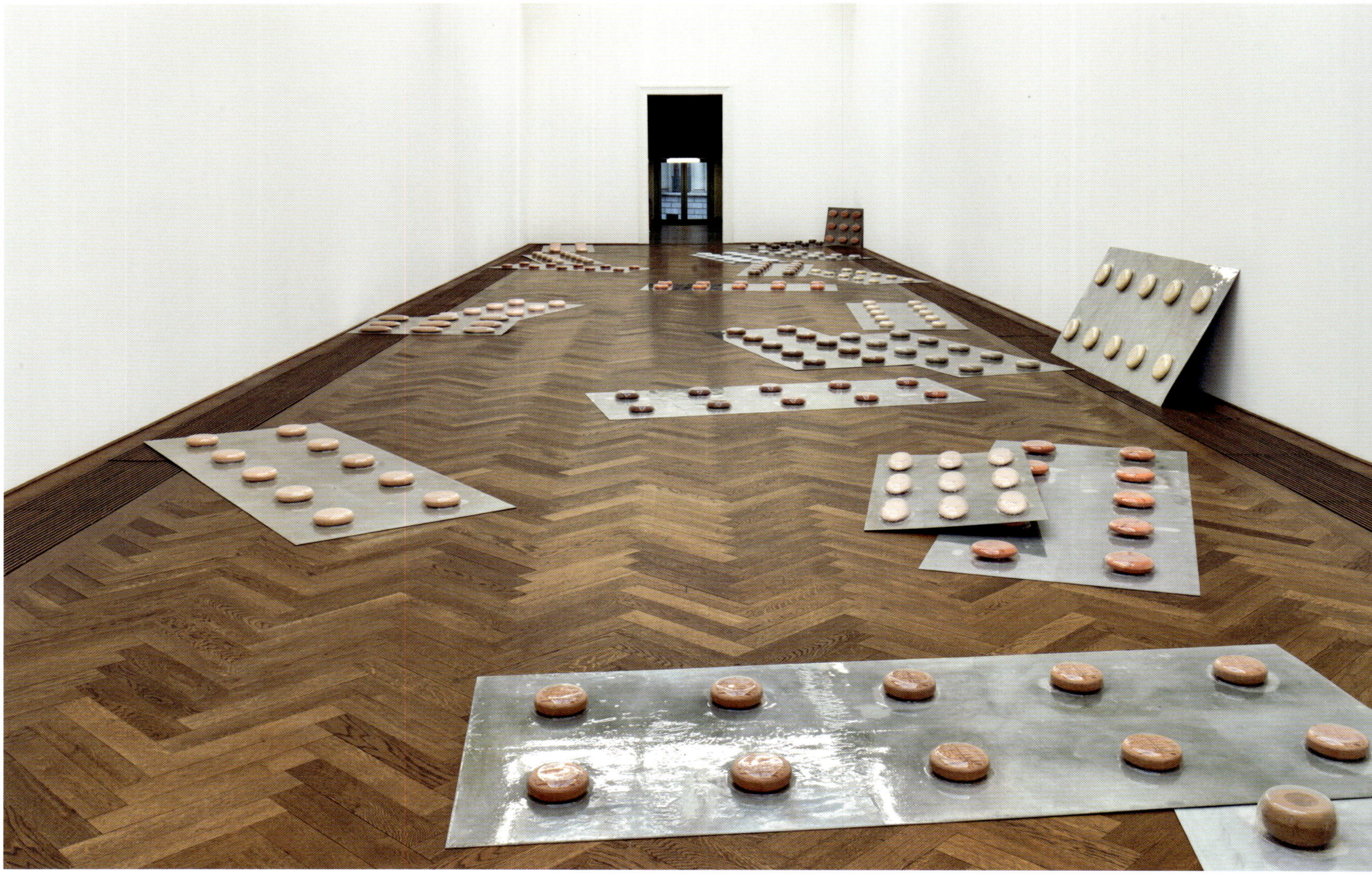

Marina Pinsky. *Pharmakon XVIII*, 2014–15. Epoxy resin, fiberglass, ceramic, aluminum, and pigment print (résine époxy, fibre de verre, céramique, aluminium et tirage pigmentaire). 39 ½ x 98 ½ x 2 inches (100,3 x 250,2 x 5,1 cm)

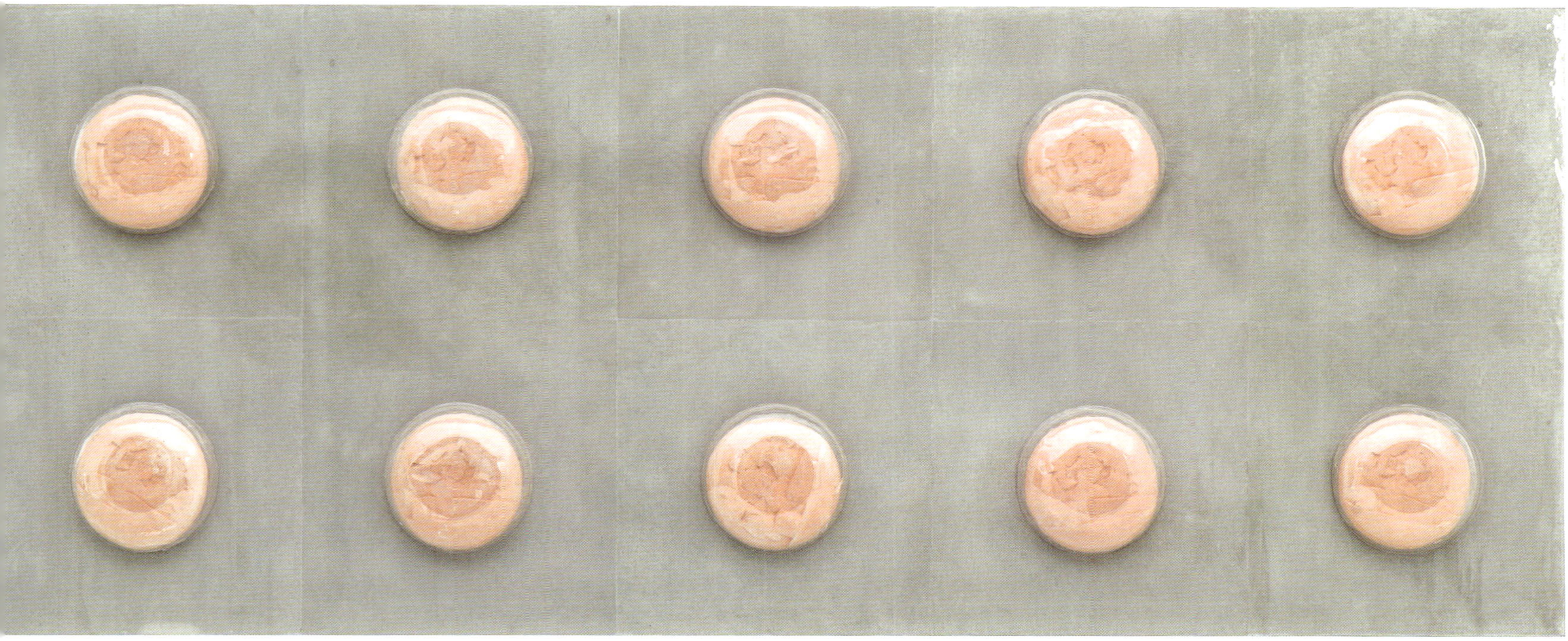

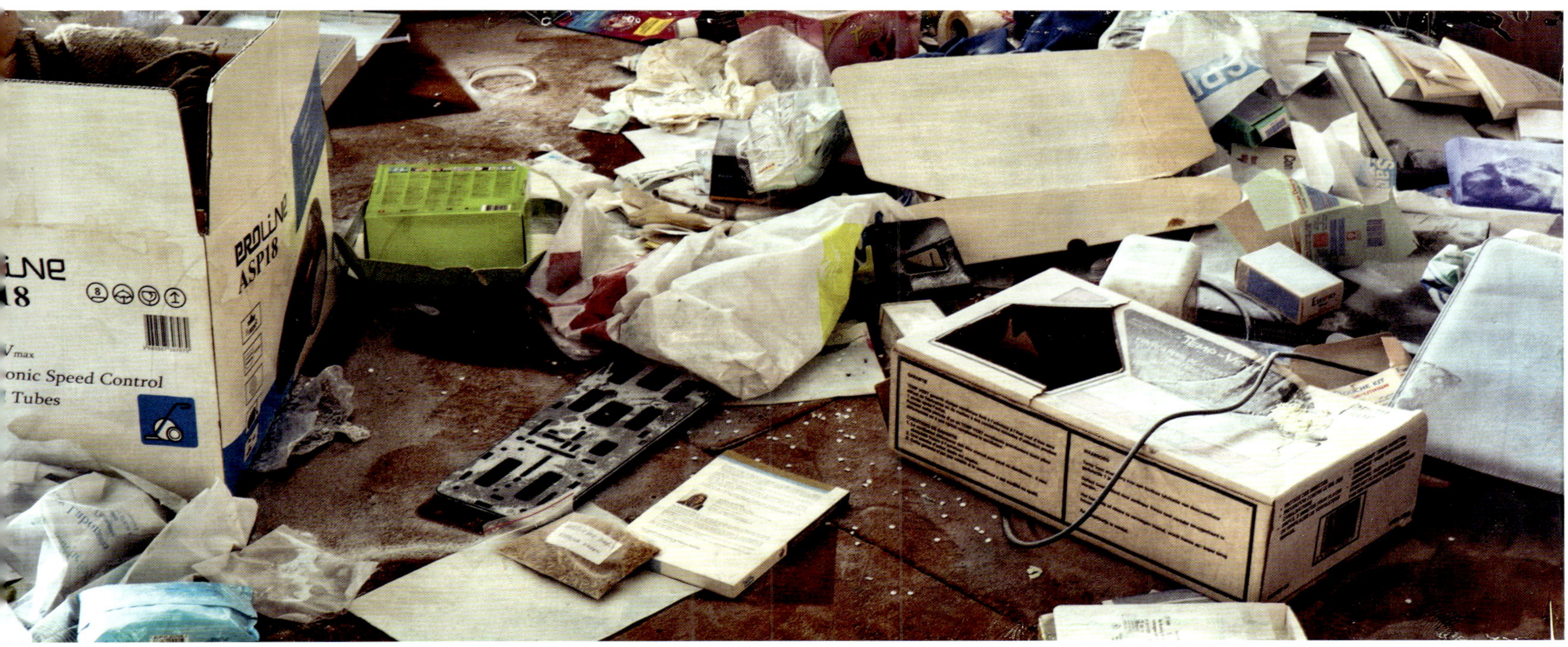
ASP18
onic Speed Control
Tubes

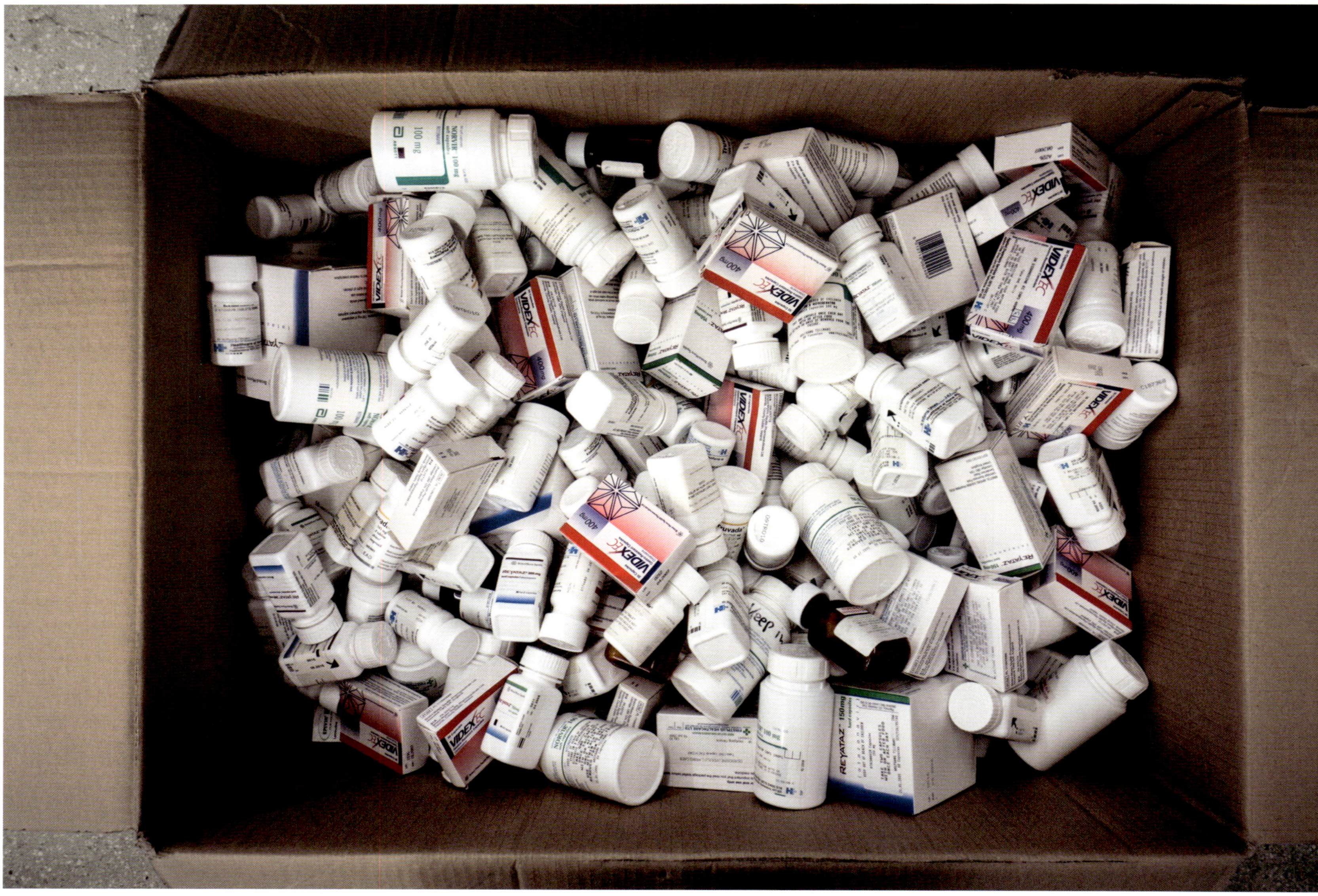
VIDEX EC
400mg
REYATAZ 150mg

Wolfgang Tillmans. *17 Years' Supply*, 2013. Pigment print mounted on aluminum, in artist's frame (tirage pigmentaire monté sur aluminium, cadre fourni par l'auteur). 34 ½ x 42 ⅜ x 1 ¼ inches (87,6 x 107,6 x 3,2 cm)

Taryn Simon. *Pharmaceuticals, Misc. (Counterfeit/Illegal/Prohibited)*, 2010. Thirty-seven archival inkjet prints in seven Plexiglas boxes (trente-sept tirages pigmentaires dans sept boîtes en Plexiglas). Top to bottom, rows 1–5 (de haut en bas, rangées 1 á 5): 9 ¼ x 44 ½ inches (23,5 x 113 cm); row 6 (rangée 6): 9 ¼ x 30 inches (23,5 x 76,2 cm); row 7 (rangée 7): 9 ¼ x 22 ¾ inches (23,5 x 57,8 cm)

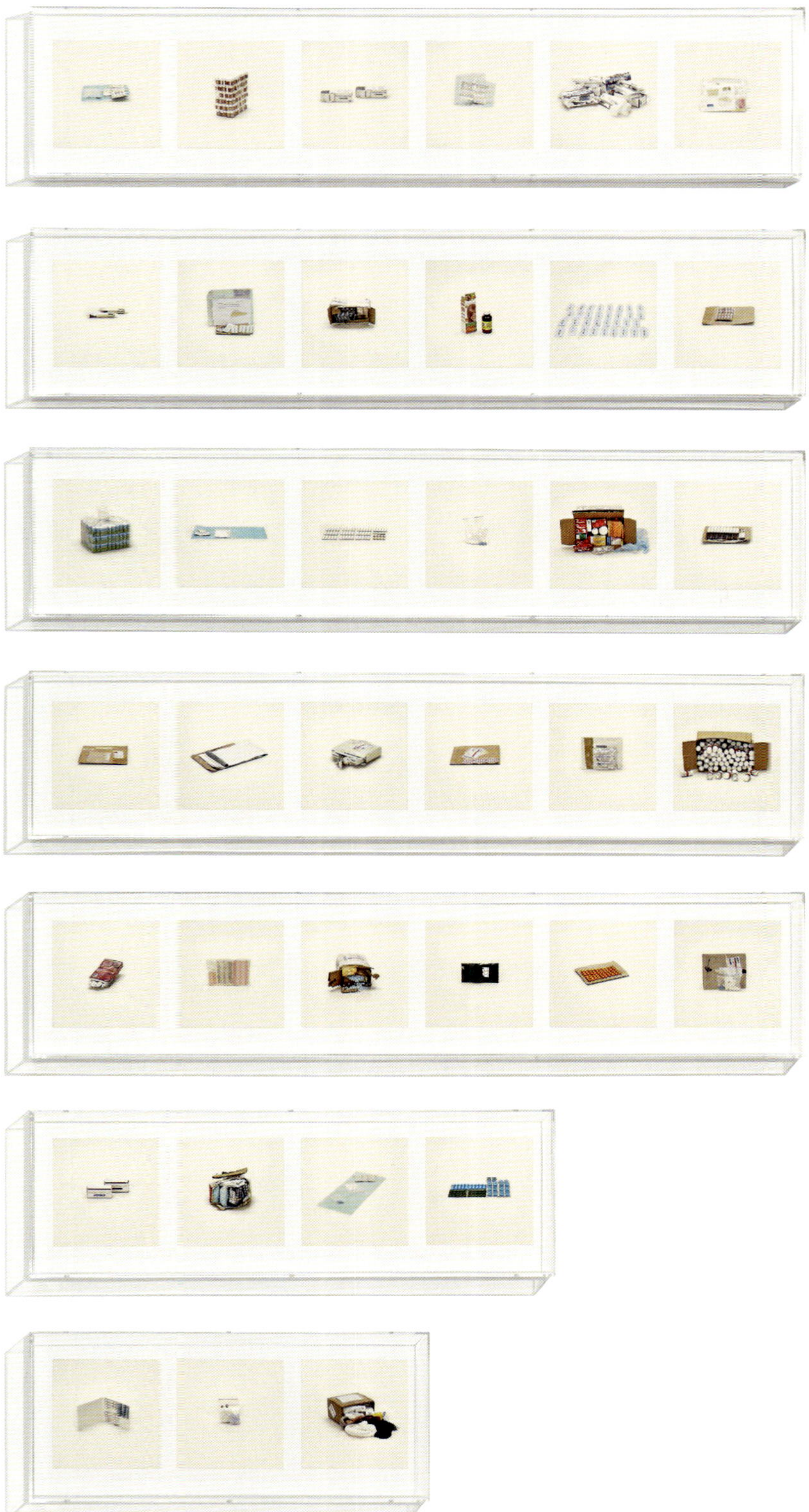

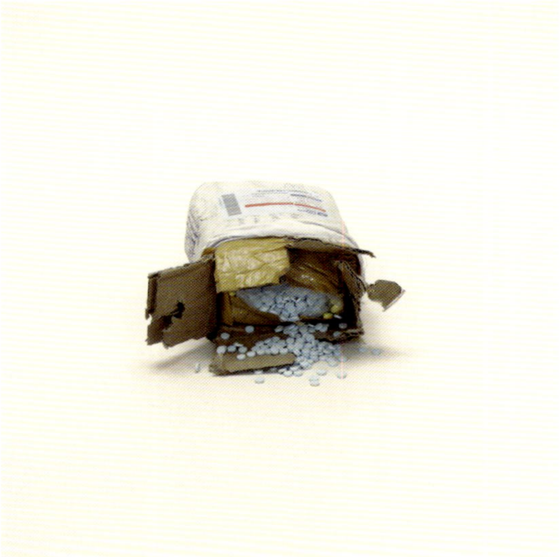 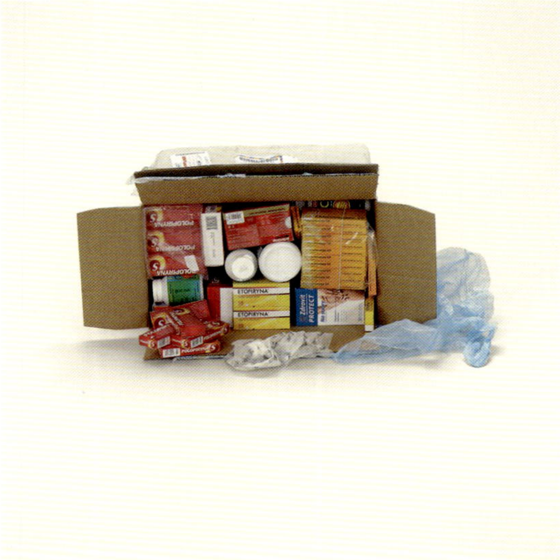

Taryn Simon. "Blue and yellow pharmaceutical pills awaiting testing, Pakistan (prohibited)" (left / gauche), "Large package of pharmaceuticals, Poland (counterfeit, prohibited)" (right / droite), details of (détails de) *Pharmaceuticals, Misc. (Counterfeit/Illegal/Prohibited)*, 2010. Archival inkjet prints (tirages pigmentaires). 6 ¼ x 6 ¼ inches each (15,9 x 15,9 cm chacune)

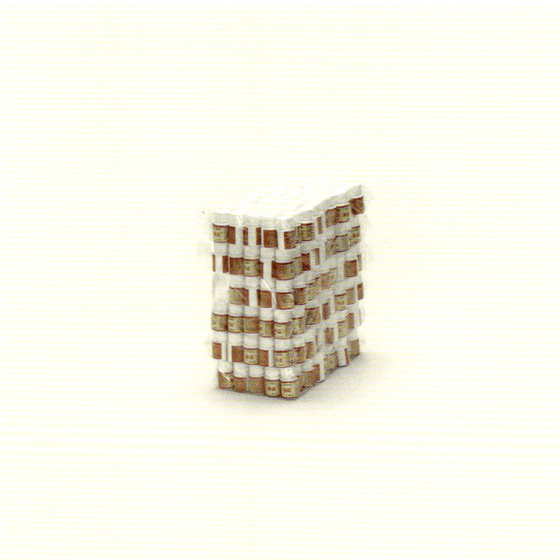

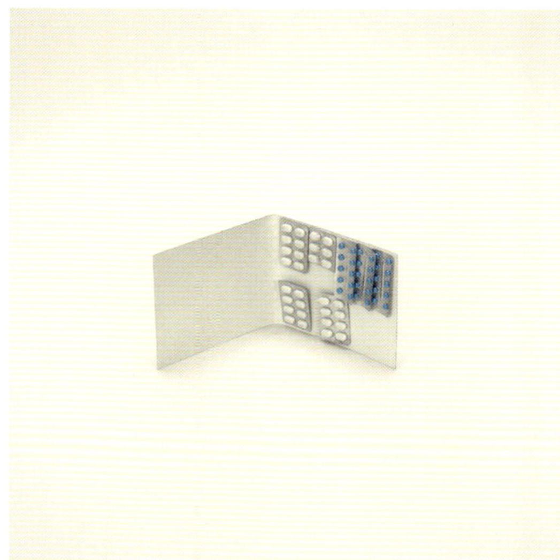

Taryn Simon. "Pills, China (prohibited)" (left / gauche), "*Lorazepam*, *Vicodin*, India (illegal)" (right / droite), details of (détails de) *Pharmaceuticals, Misc. (Counterfeit/Illegal/Prohibited)*, 2010. Archival inkjet prints (tirages pigmentaires). 6 ¼ x 6 ¼ inches each (15,9 x 15,9 cm chacune)

Matthew Brandt. *Pharmaceutical Pills 2,* 2012. Silkscreen on paper with Adderall, generic Diflucan, chewable aspirin, and kava kava pills (sérigraphie sur papier avec Adderall, Difulcan générique, aspirine à croquer et capsules de kava kava). 40 ¾ x 30 ½ inches (103,5 x 77,5 cm)

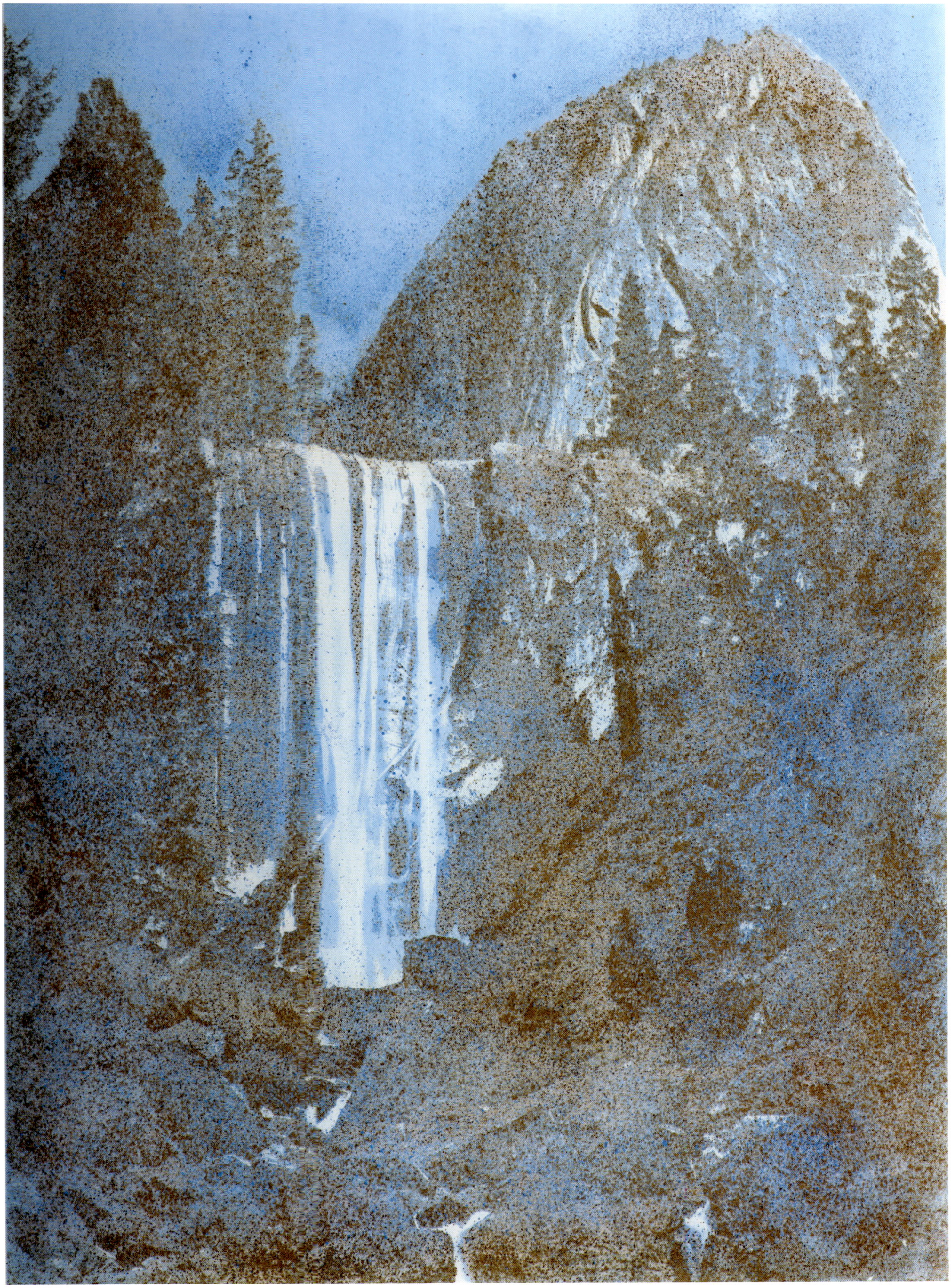

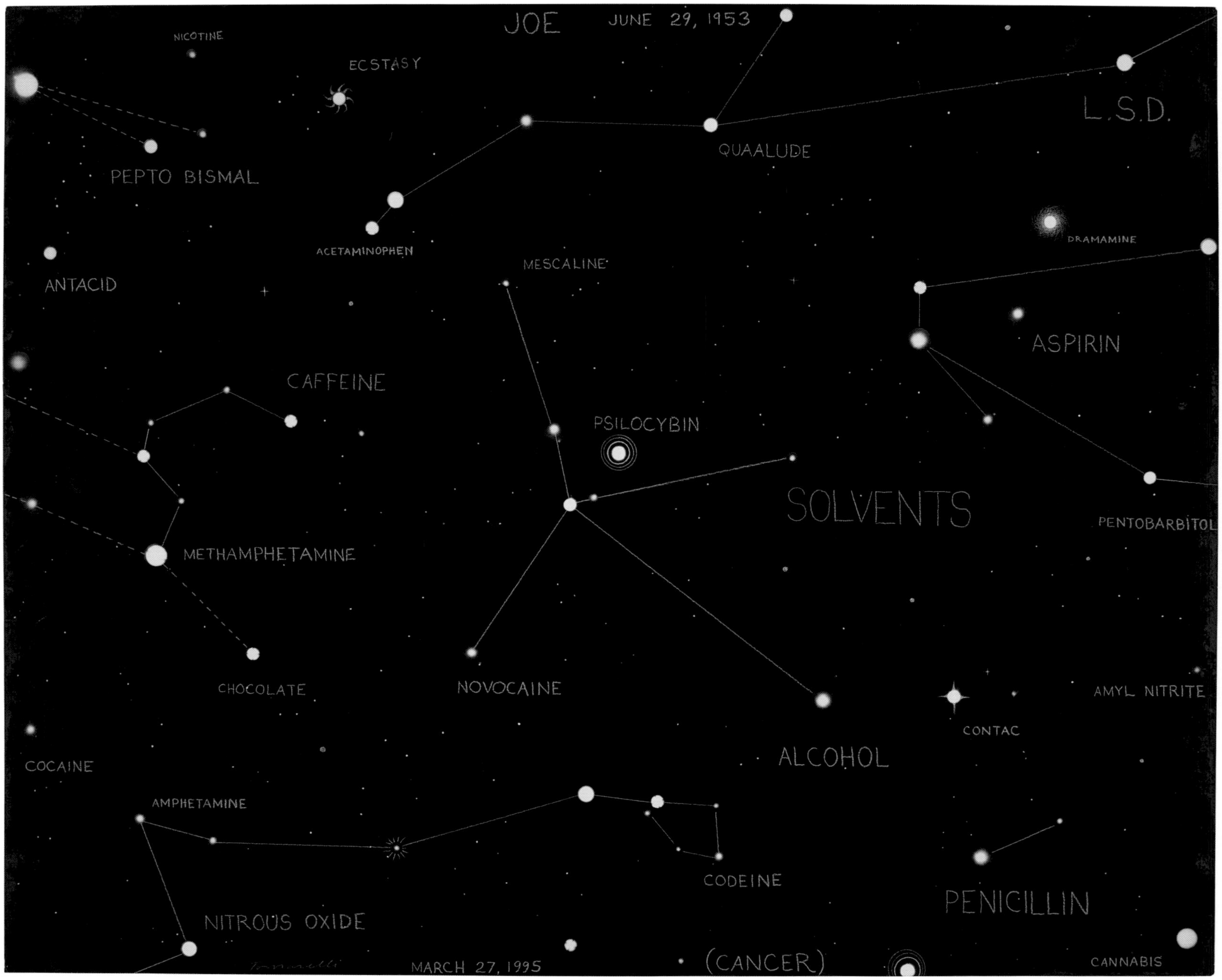
JOE
JUNE 29, 1953
NICOTINE
ECSTASY
L.S.D.
PEPTO BISMAL
QUAALUDE
ACETAMINOPHEN
DRAMAMINE
ANTACID
MESCALINE
ASPIRIN
CAFFEINE
PSILOCYBIN
SOLVENTS
PENTOBARBITOL
METHAMPHETAMINE
CHOCOLATE
NOVOCAINE
AMYL NITRITE
CONTAC
ALCOHOL
COCAINE
AMPHETAMINE
CODEINE
PENICILLIN
NITROUS OXIDE
MARCH 27, 1995
(CANCER)
CANNABIS

Fred Tomaselli. *Portrait of Joe,* 1995. Gelatin silver print with graphite (tirage argentique et graphite), 16 x 20 inches (40,6 x 50,8 cm)

Walter Robinson. *Bromo*, 1984. Acrylic on canvas (acrylique sur toile). 56 x 36 inches (142,2 x 91,4 cm)

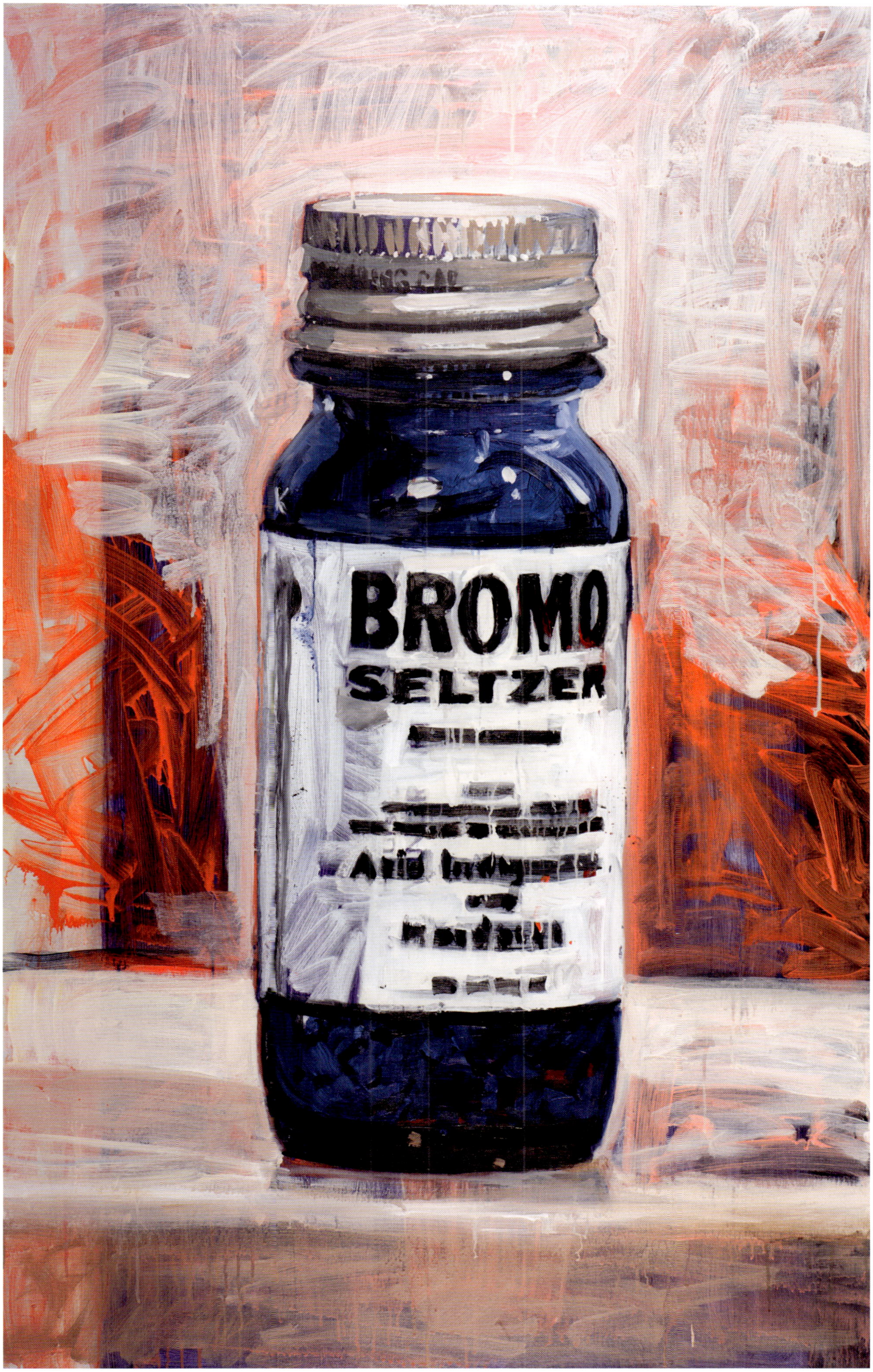
BROMO
SELTZER

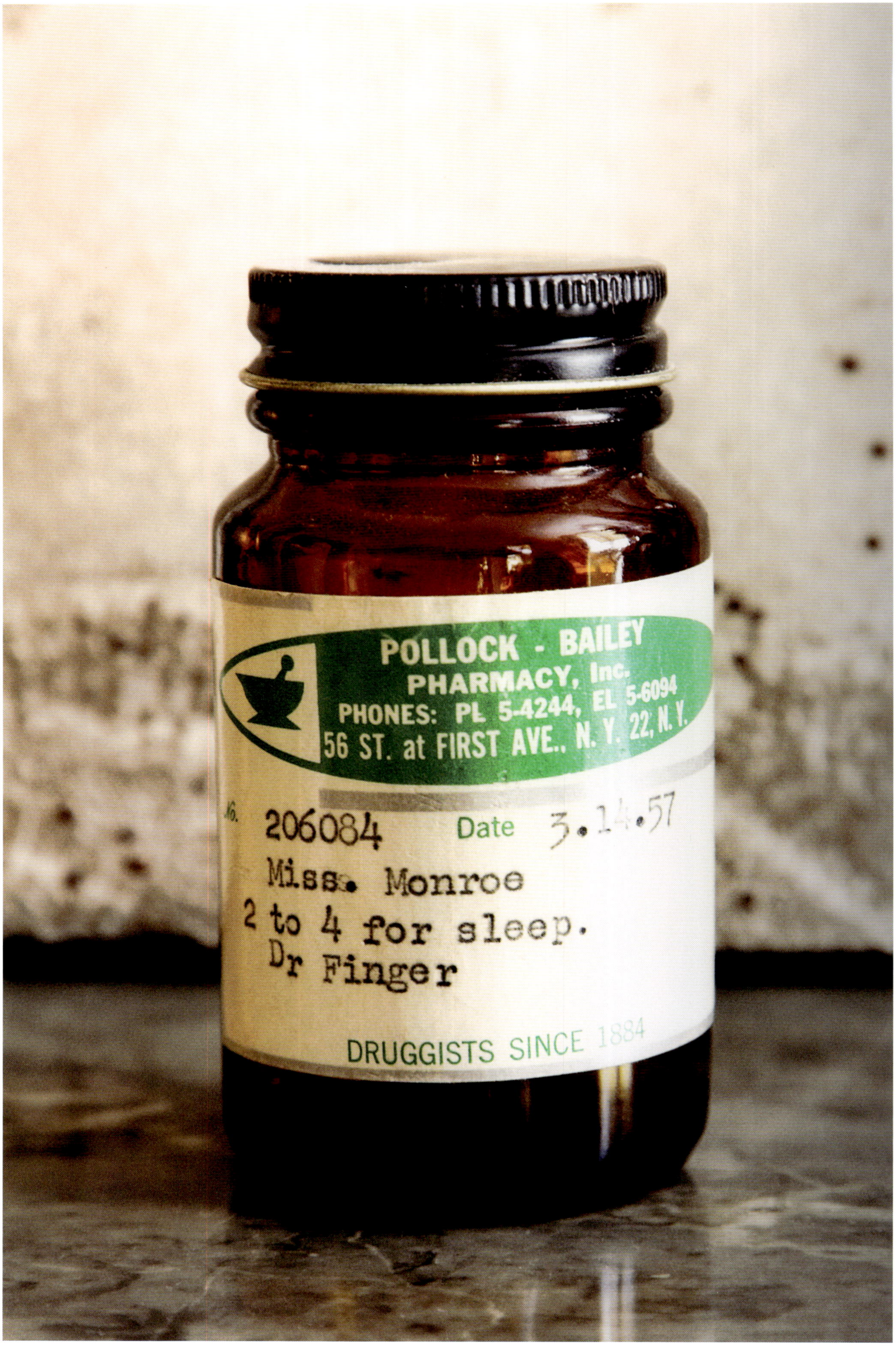
POLLOCK - BAILEY
PHARMACY, Inc.
PHONES: PL 5-4244, EL 5-6094
56 ST. at FIRST AVE., N. Y. 22, N.Y.
No. 206084 Date 3.14.57
Miss. Monroe
2 to 4 for sleep.
Dr Finger
DRUGGISTS SINCE 1884

Todd Selby. *Jacques' Marilyn Monroe Pill Bottle*, 2008. Pigment print (tirage pigmentaire). 45 ½ x 32 ½ inches (115,6 x 82,6 cm)

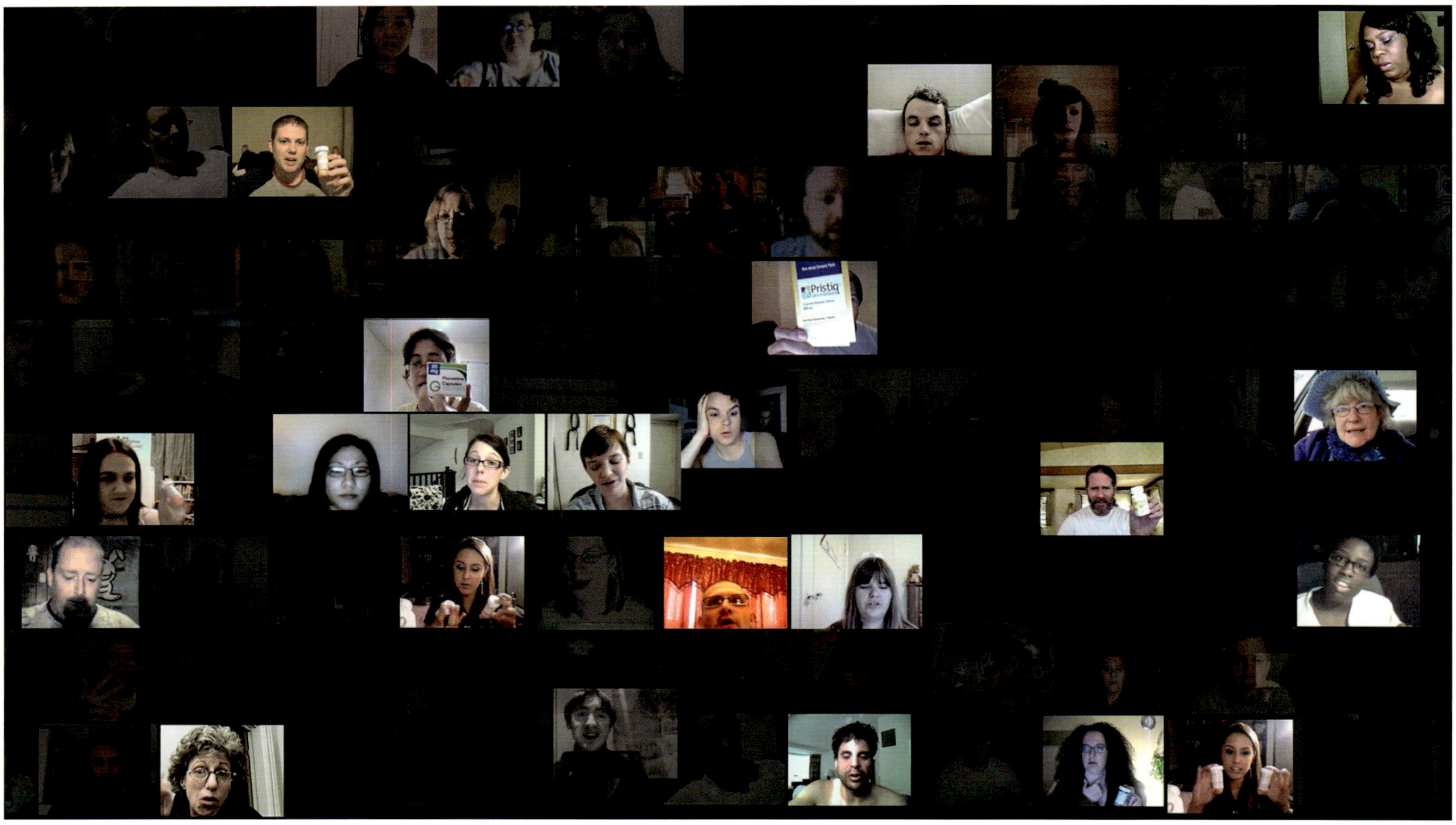

Pristiq

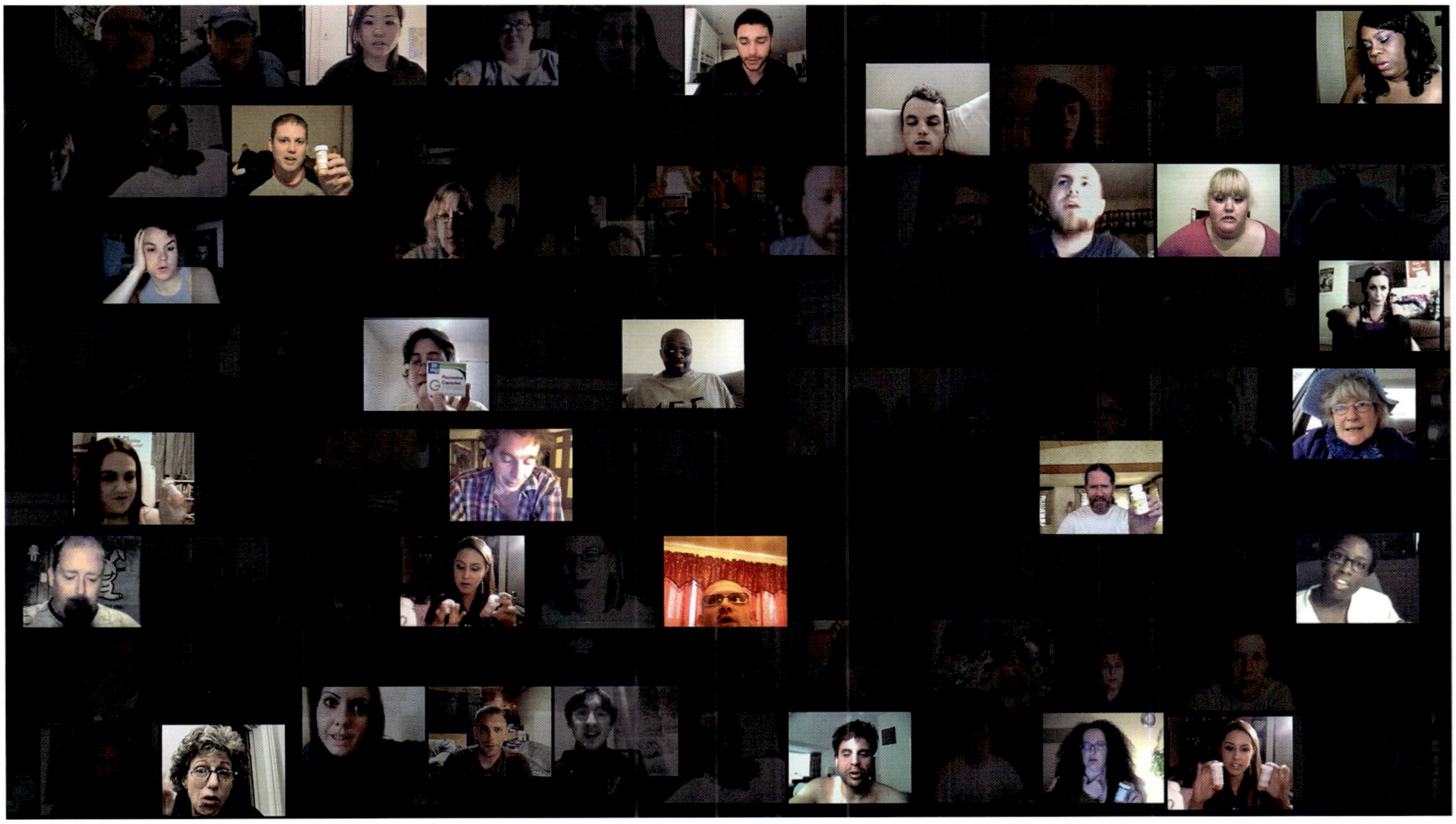

Natalie Bookchin. *My Meds*, 2009. HD digital video with stereo sound (vidéo numérique HD avec son stéréo). 2:10 minutes

Zoe Strauss. *Leo's Mantle*, 2001–8. Pigment print (tirage pigmentaire). 20 x 30 inches (50,8 x 76,2 cm)

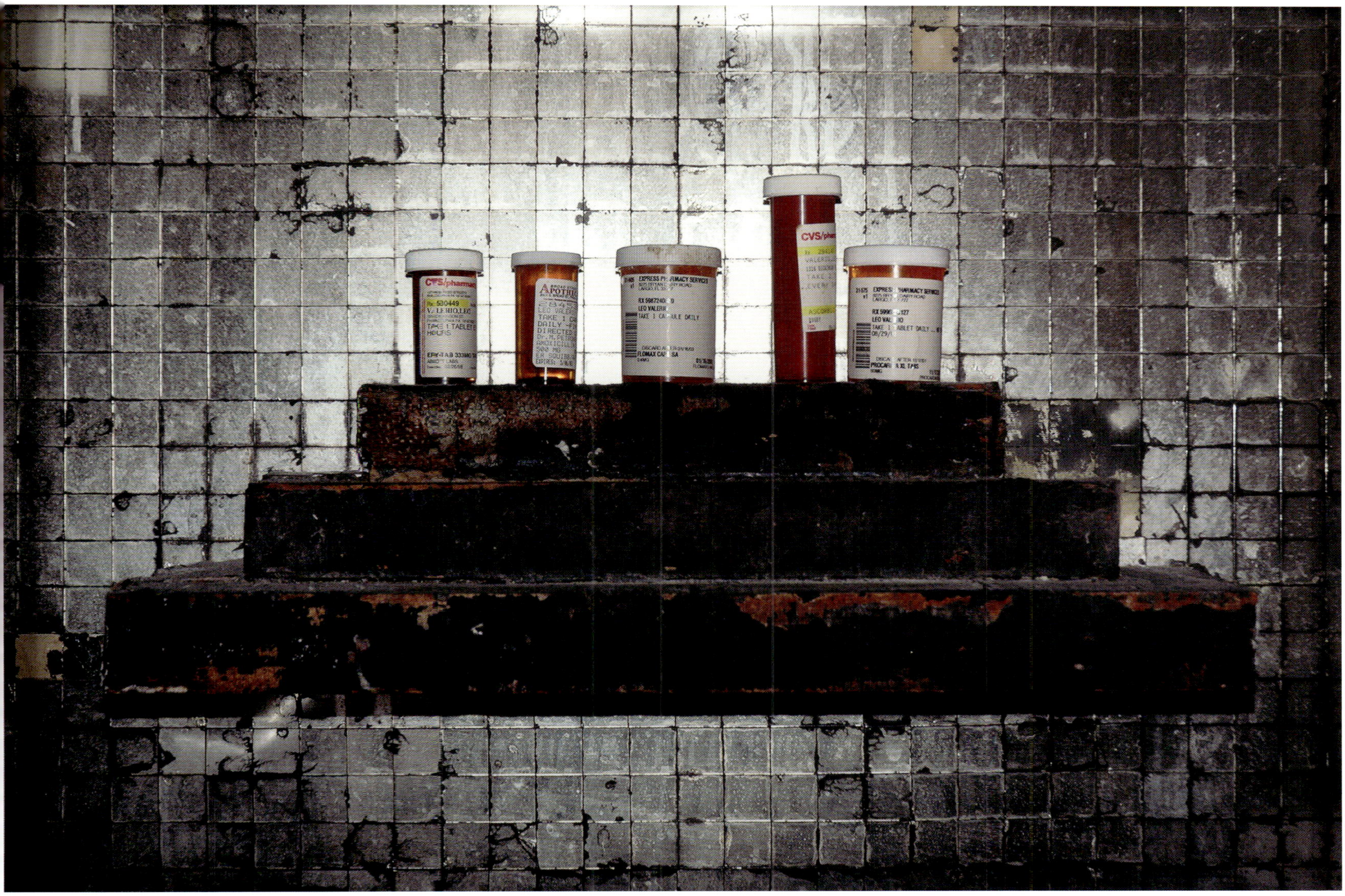
Rx 530449
DIRECTED
500 MG
TAKE 1 CAPSULE DAILY

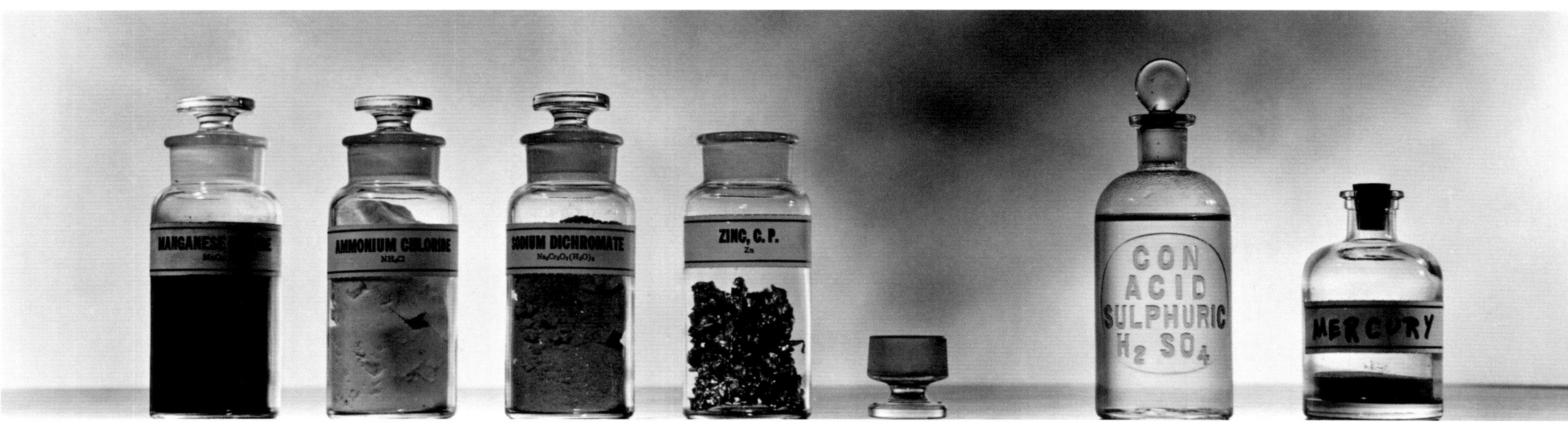
AMMONIUM CHLORIDE
ZINC, C. P.
CON
ACID
SULPHURIC
H2 SO4
MERCURY

Berenice Abbott. *Untitled (Science)*, 1958–61. Gelatin silver print (tirage argentique). 2 ¼ x 8 ¾ inches (5,6 x 22,2 cm)

Irving Penn. *18 Pieces with Medicine Bottle, New York*, 1980. Platinum-palladium print mounted on aluminum (tirage au platine et au palladium monté sur aluminium). 11 ¼ x 19 ⅜ inches (28,6 x 49,2 cm)

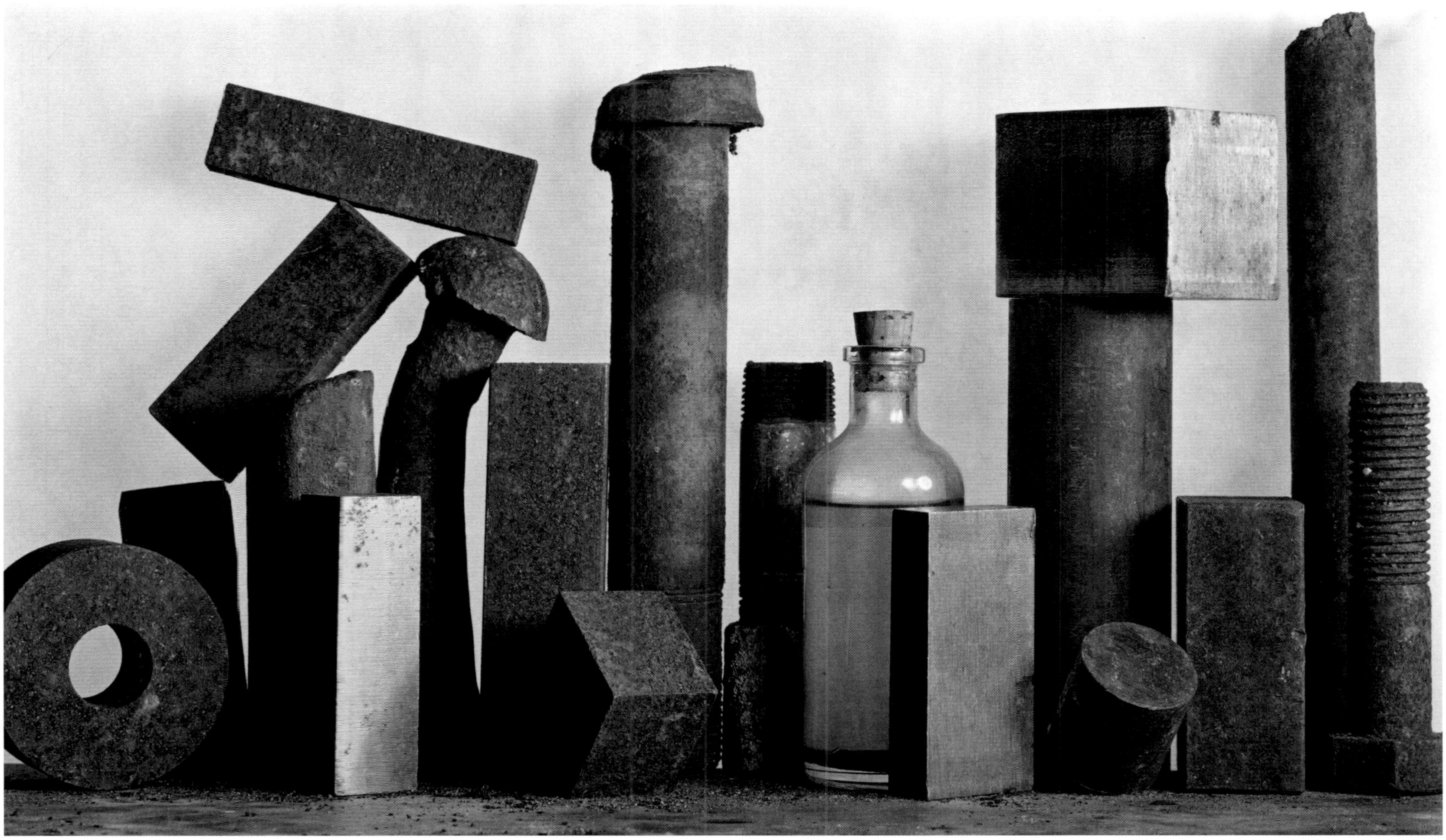

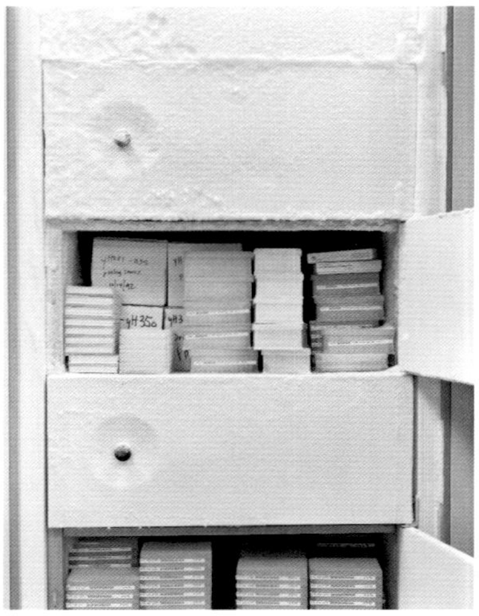
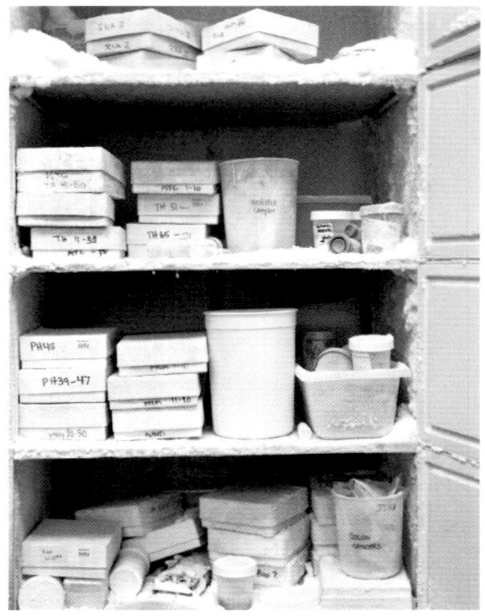
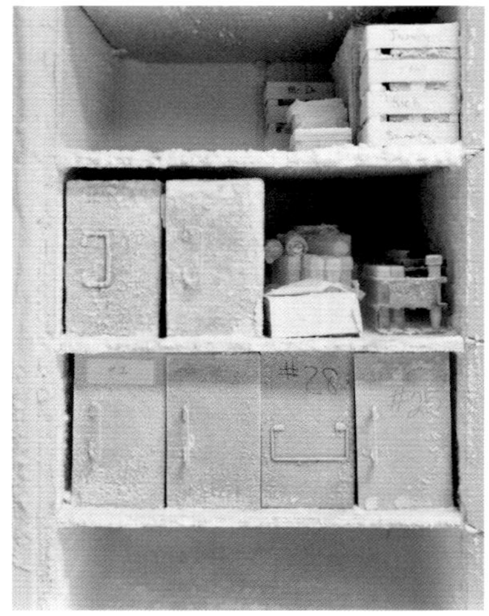
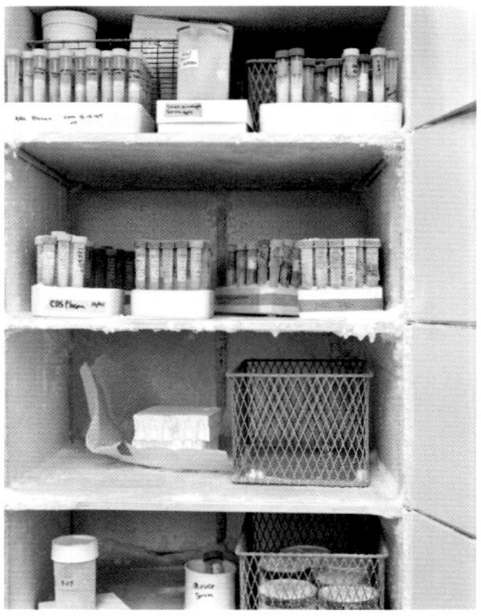
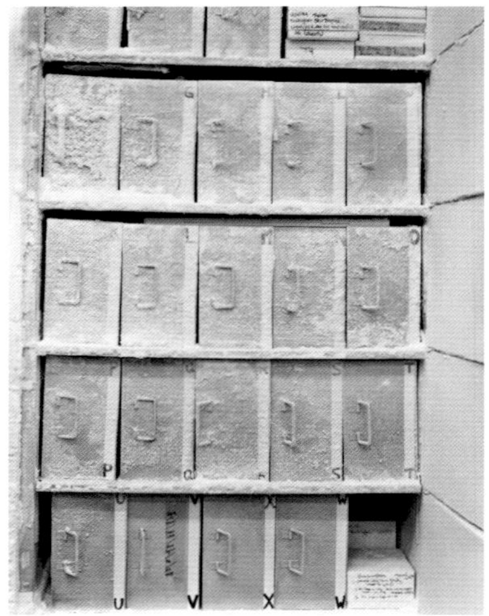
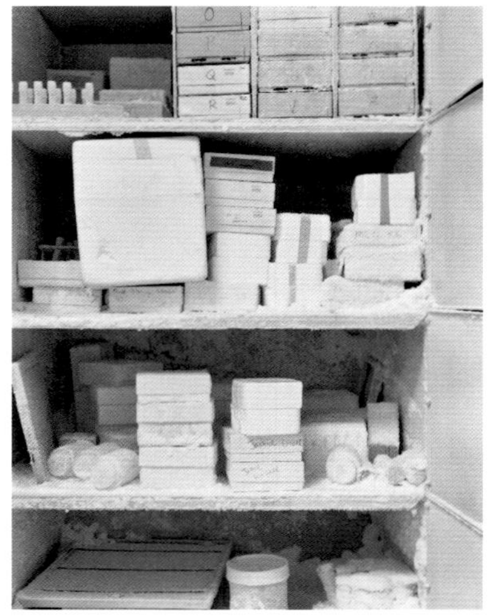
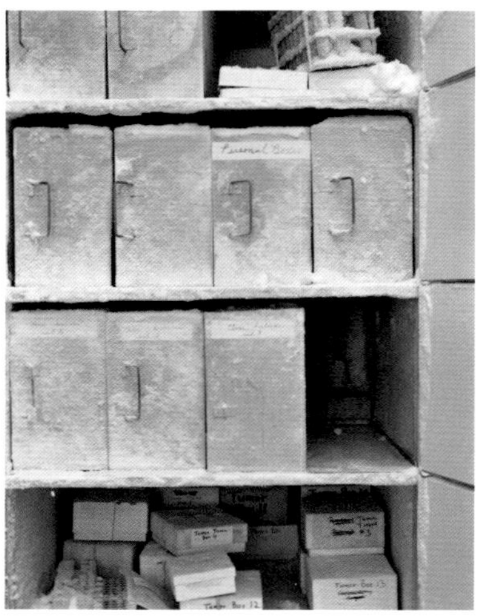
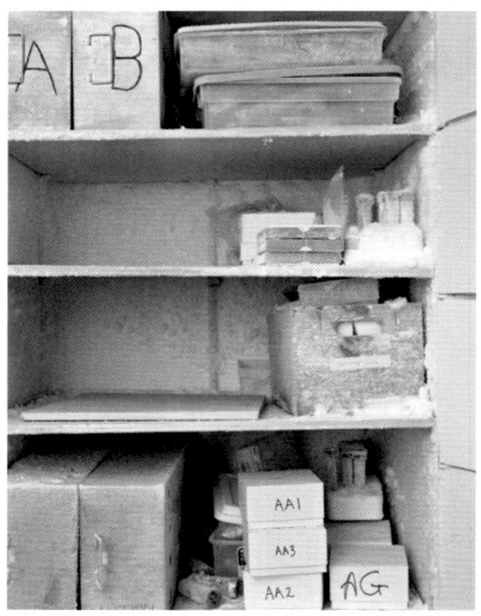
B
AA1
AA3
AA2
AG
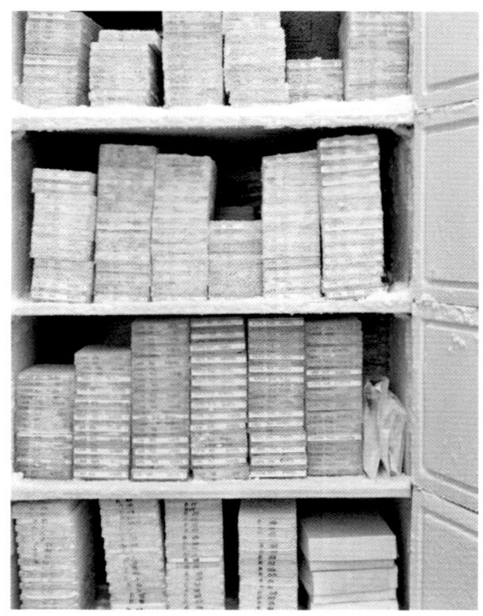
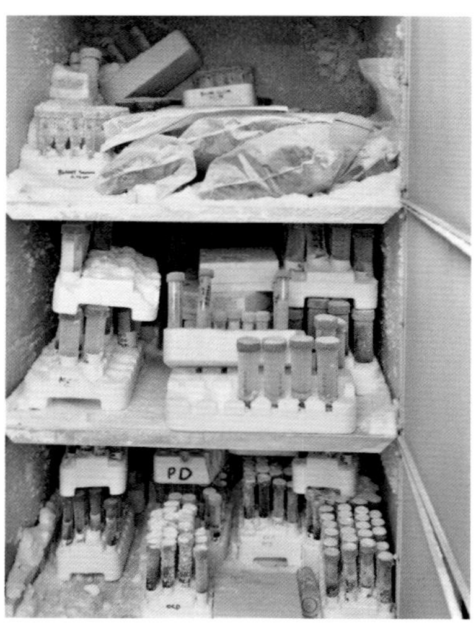
PD
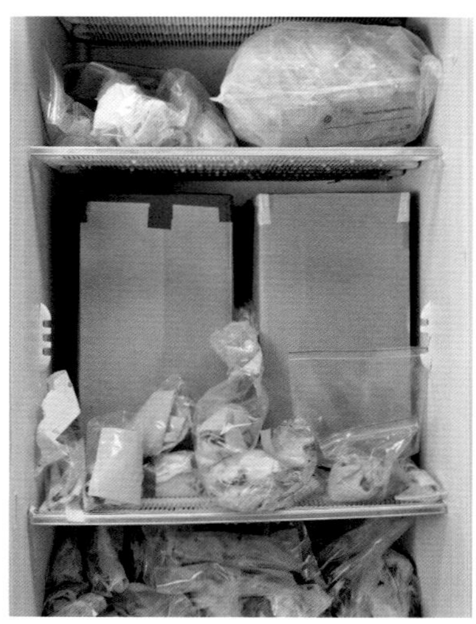
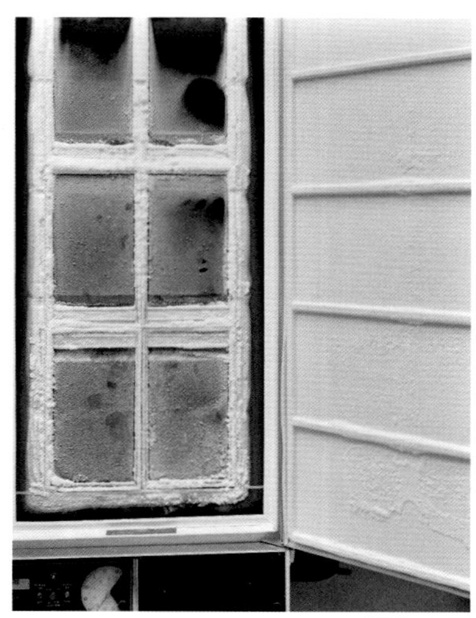

Catherine Wagner. *-86 Degree Freezers (12 Areas of Concern and Crisis)*, 1995. Left to right, top to bottom (gauche à droite, de haut en bas): *DNA Clone Library*, *Colon Cancer*, *Human Genome Project*, *Bipolar Disorder*, *HIV*, *Breast Cancer*, *Thyroid Cancer*, *Alzheimer's*, *Mega-Yac Library*, *Alcoholism*, *Tissue*, *-70° Freezer*. Twelve gelatin silver prints (douze tirages argentiques). 20 x 16 inches each (50,8 x 40,6 cm chacune)

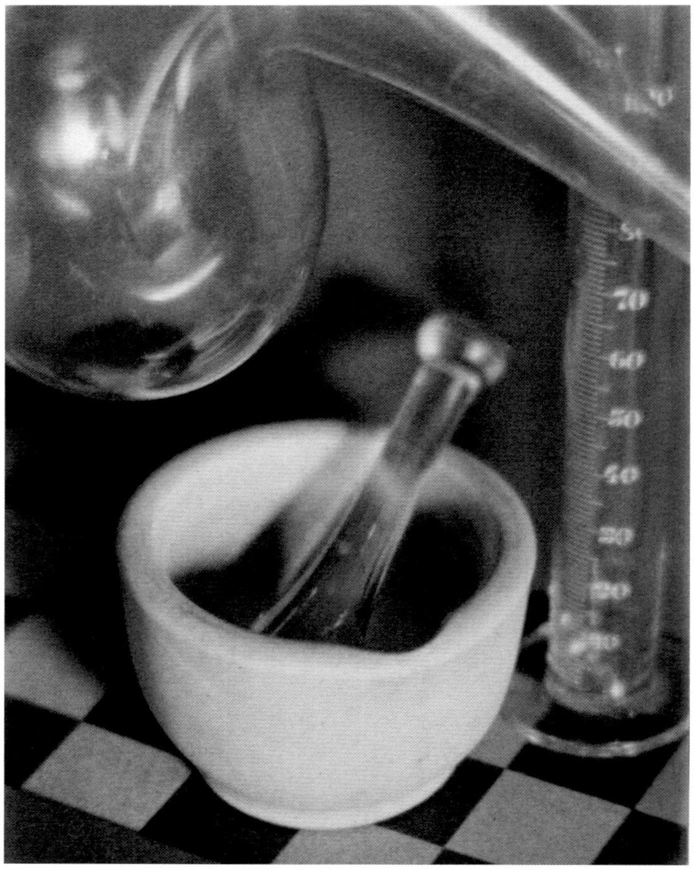

Paul Outerbridge. *Chemistry*, 1923. Platinum print (tirage au platine). 4 ½ x 3 ½ inches (11,4 x 8,9 cm)

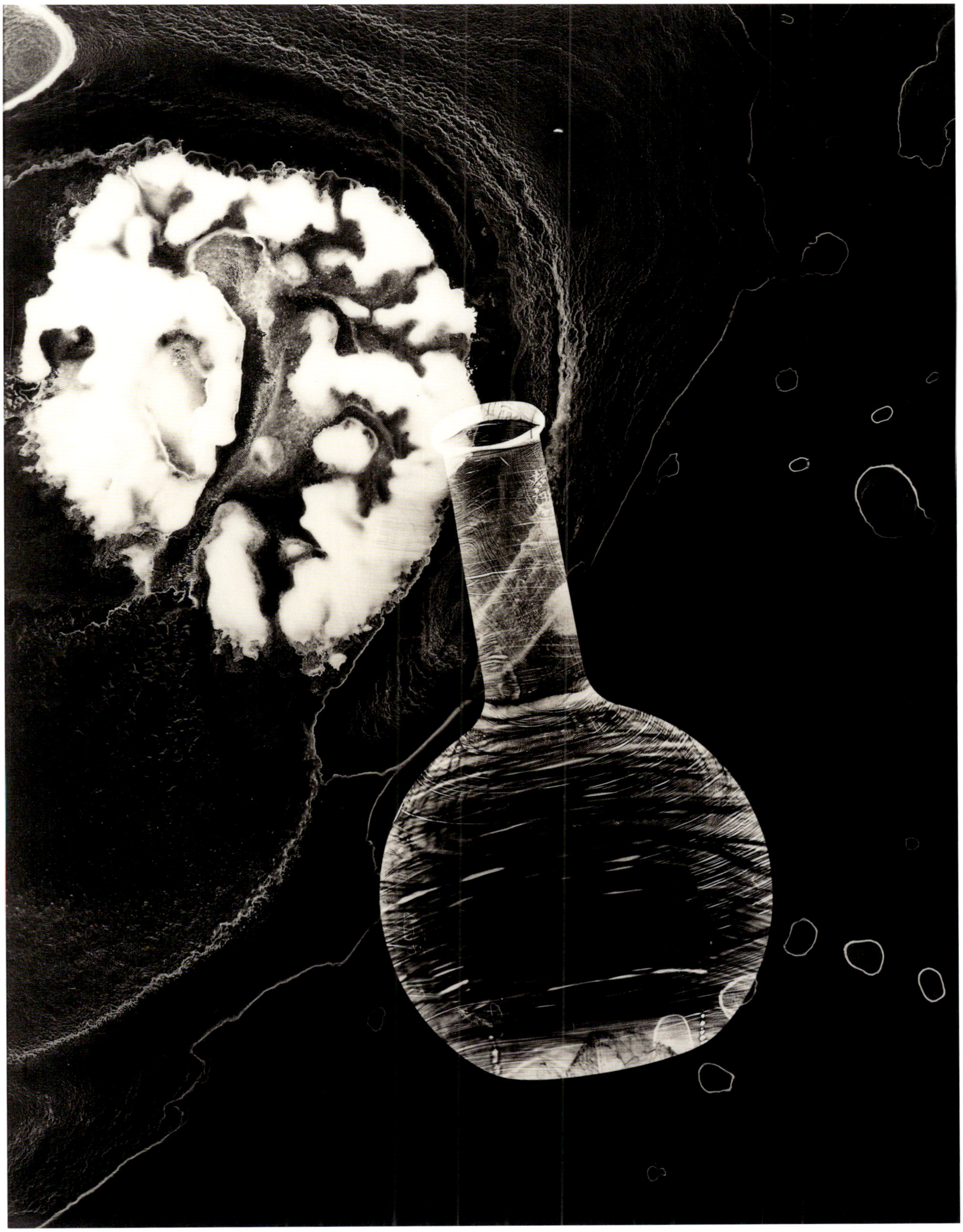

Josef Breitenbach. *Penicillin*, c. 1946–49. Gelatin silver print (tirage argentique). 14 x 11 inches (35,6 x 27,9 cm)

Kunié Sugiura. *Dr. James D. Watson A*, 2003. Two gelatin silver prints (deux tirages argentiques). 77 x 28 ½ inches (195,6 x 72,4 cm)

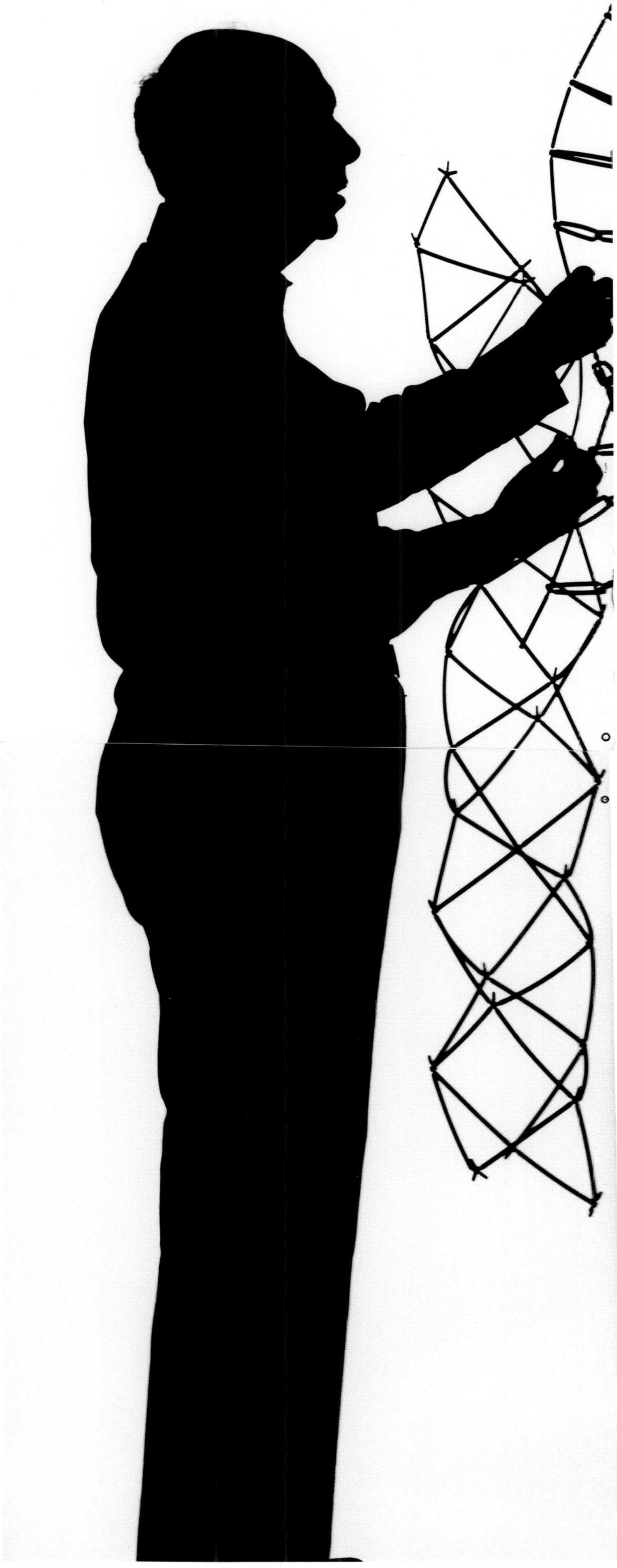

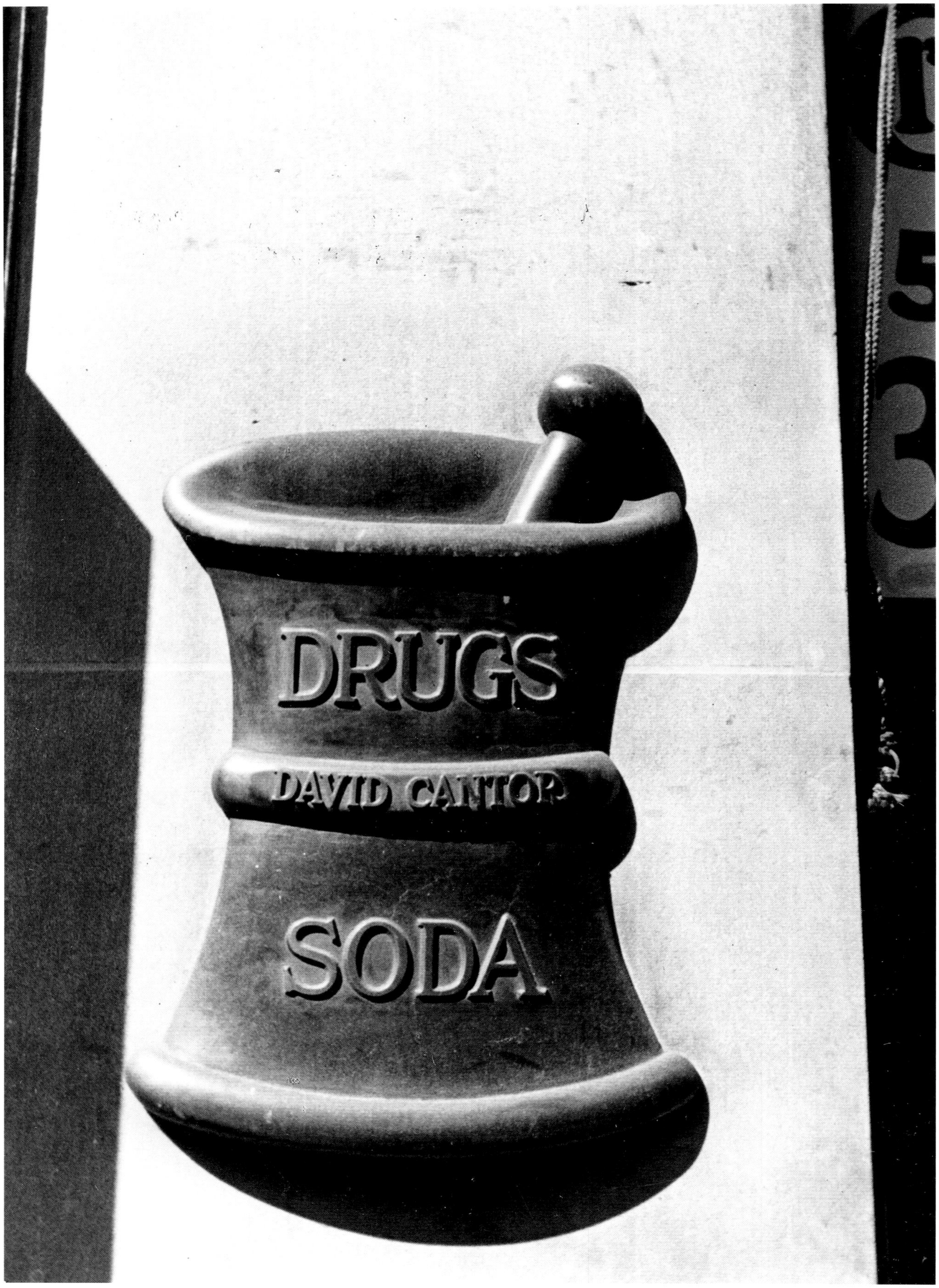
DRUGS
DAVID CANTOR
SODA

Paul Wolff. *Drugs–Soda NY*, 1928. Gelatin silver print (tirage argentique). 9 ¼ x 6 ¾ inches (23,5 x 17,3 cm)

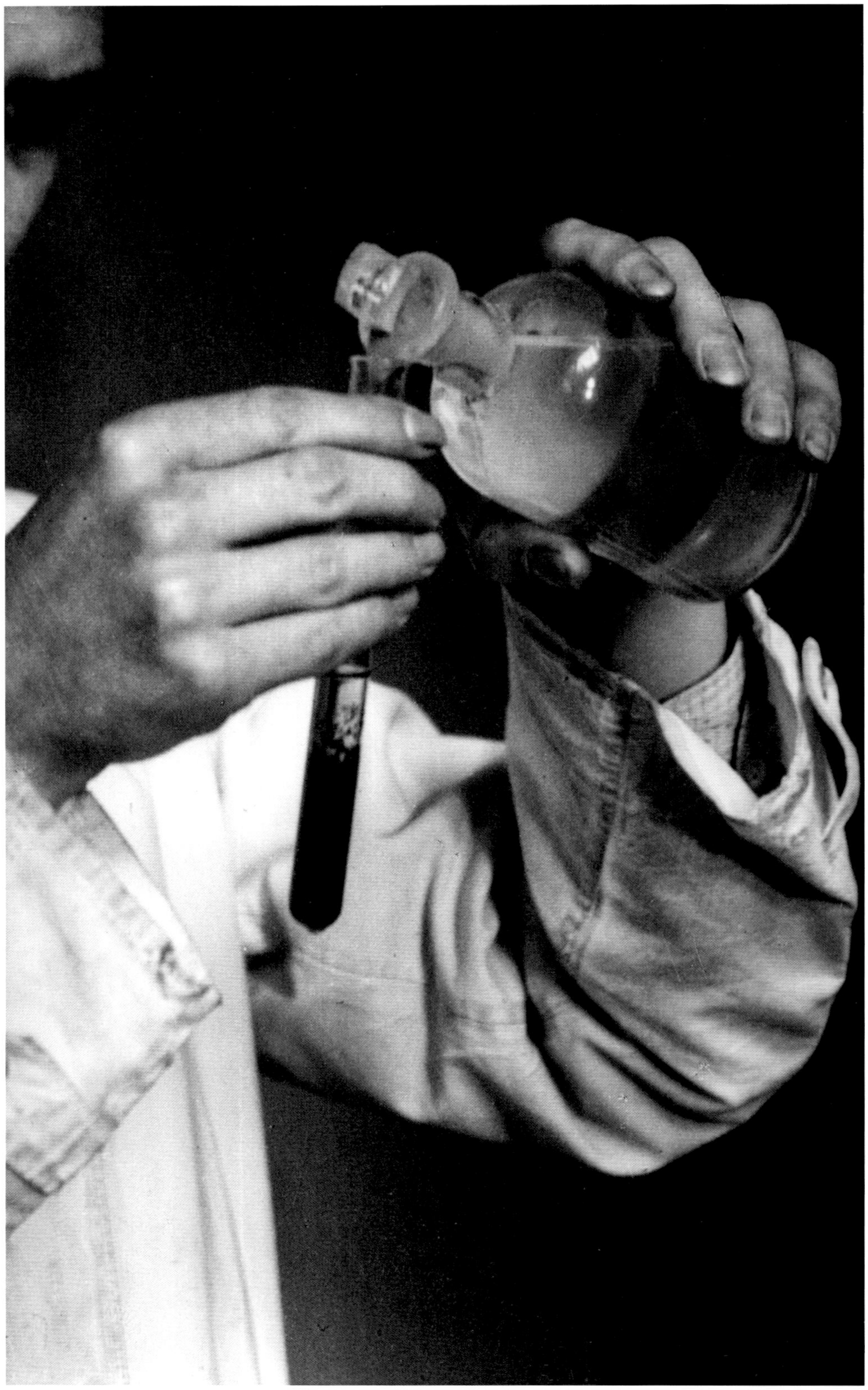

August Sander. *Hands of Laboratory Technician*, 1932–33. Gelatin silver print (tirage argentique). 8 ⅞ x 5 ½ inches (22,5 x 14 cm)

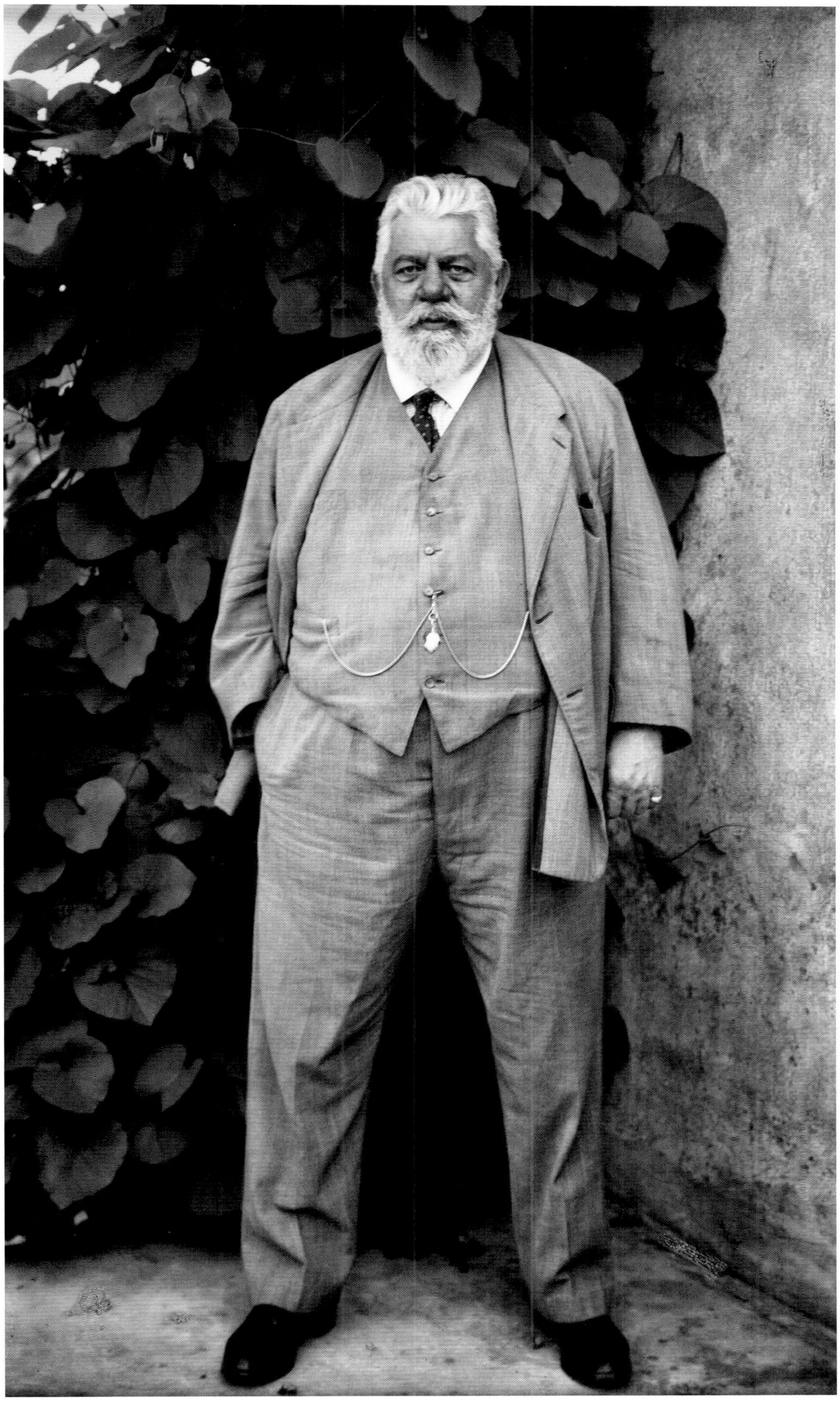

August Sander. *Pharmacist (Apotheker),* c. 1930. Gelatin silver print (tirage argentique). 10 1/8 x 6 1/4 inches (25,7 x 15,9 cm)

Charles Nègre. *Asile impérial de Vicennes, la pharmacie*, late 1850s (fin des années 1850). Albumen print (tirage à l'albumine). Diameter: 6 ½ inches (Diamètre:16,5 cm)

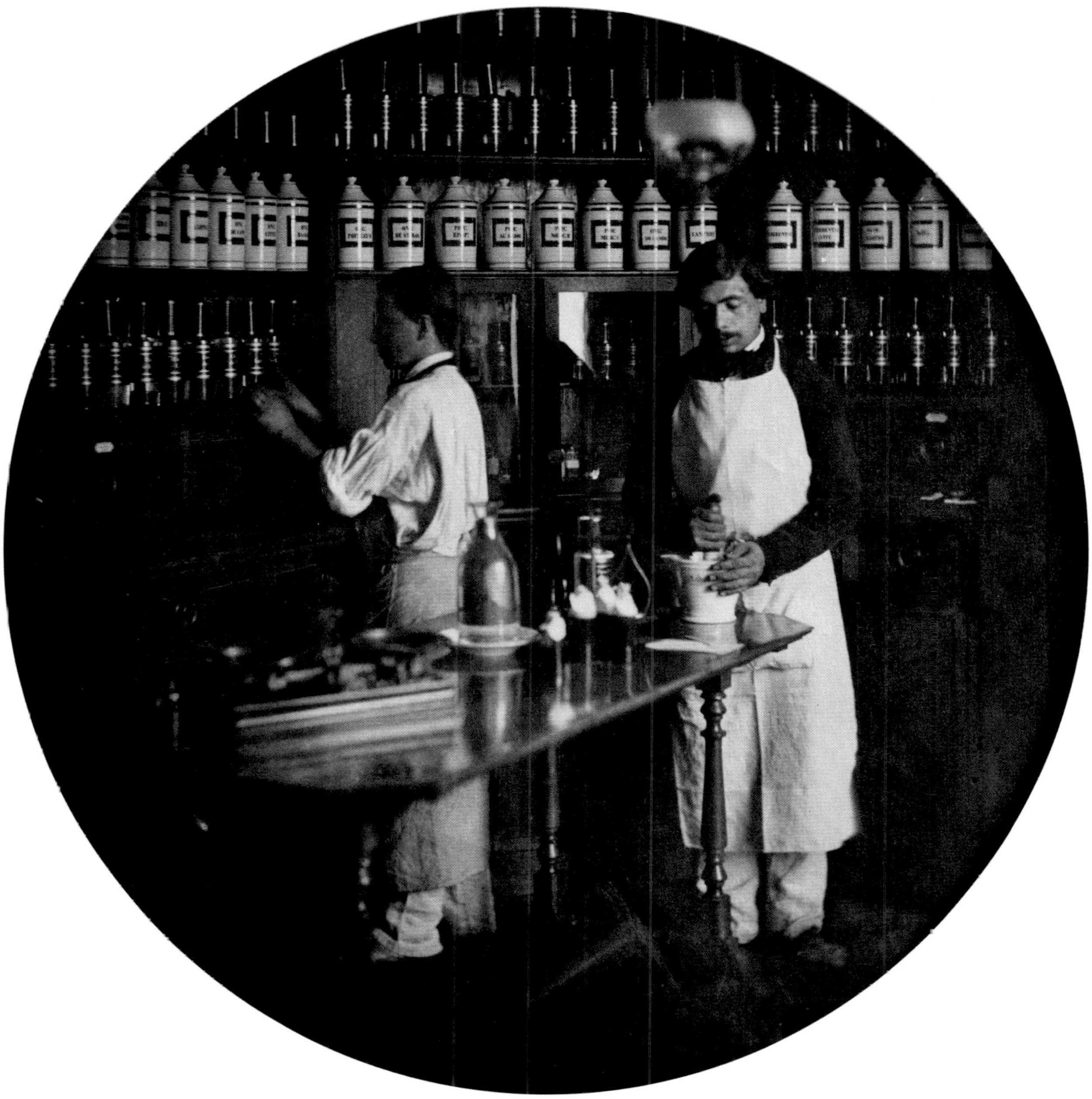

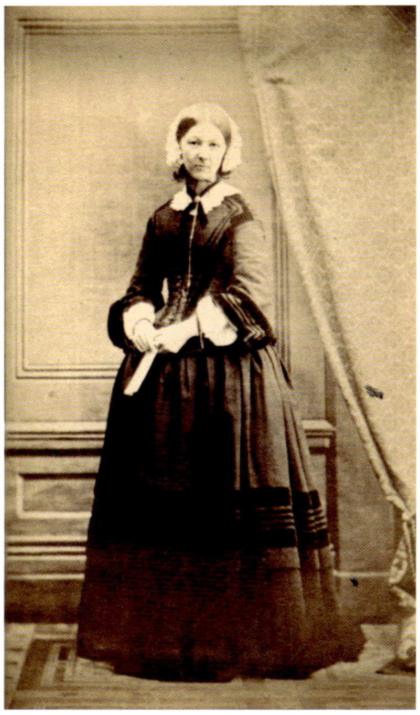

Unknown. *Florence Nightingale,* c. 1858. Carte de visite. 3 ½ x 2 inches (8,9 x 5,1 cm)

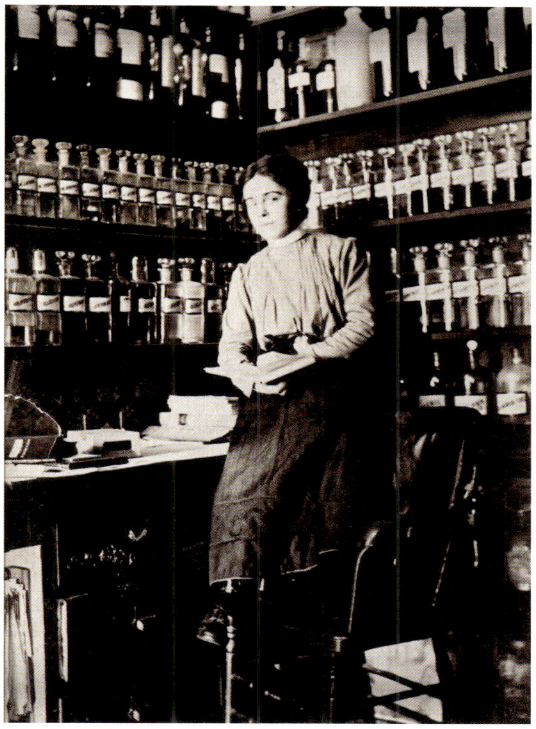

Unknown. *Untitled (Woman with Bottles)*, c. 1900. Printing-out paper print (tirage imprimé sur papier). 3 ¾ x 2 ¾ inches (9,4 x 6,9 cm)

O. H. Willard. *Hospital Steward*, 1866. Hand-colored albumen print from wet collodion negative (tirage à l'albumine coloré à la main sur négatif au collodion humide). 8 x 6 inches (20,3 x 15,3 cm)

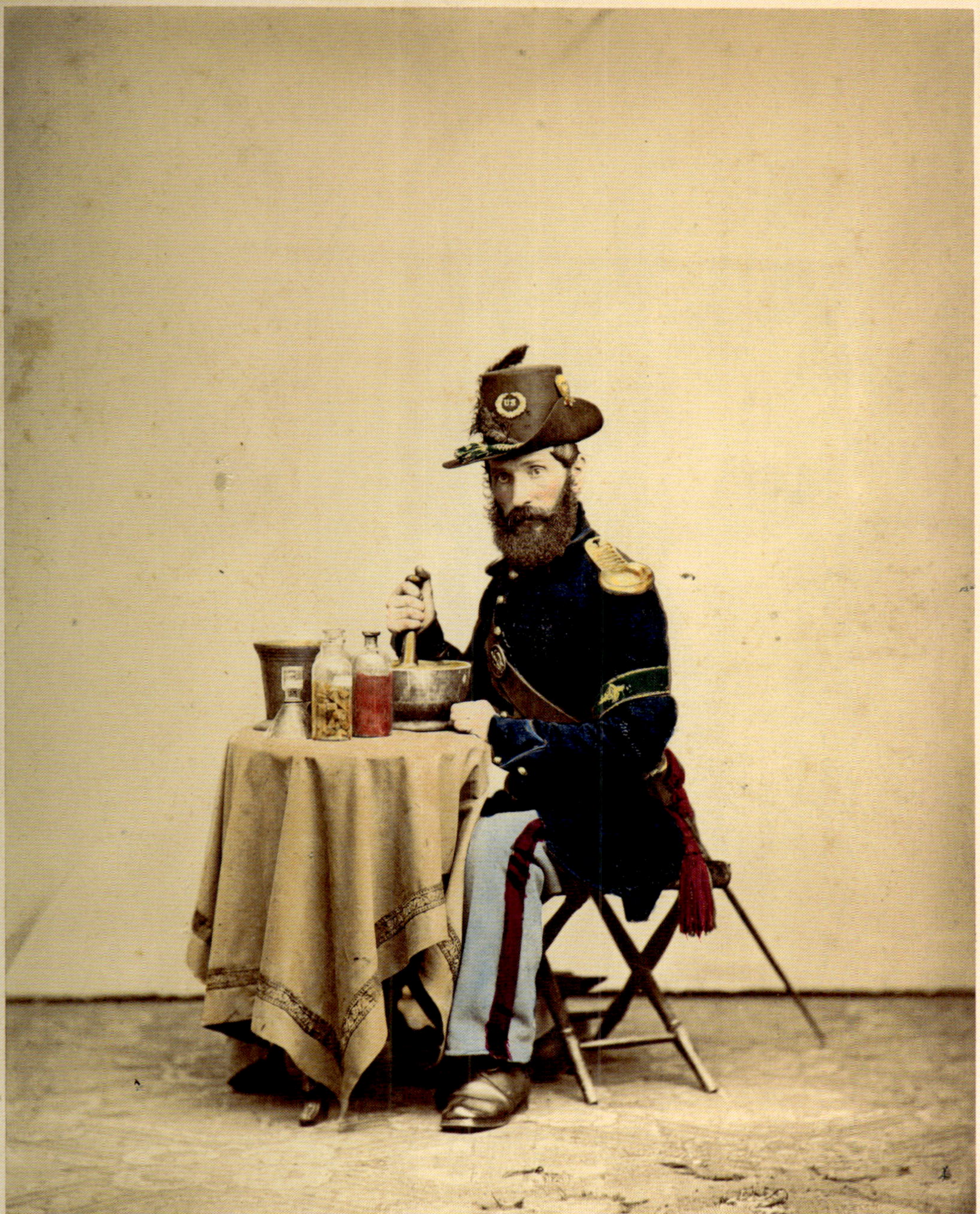

Hospital Steward

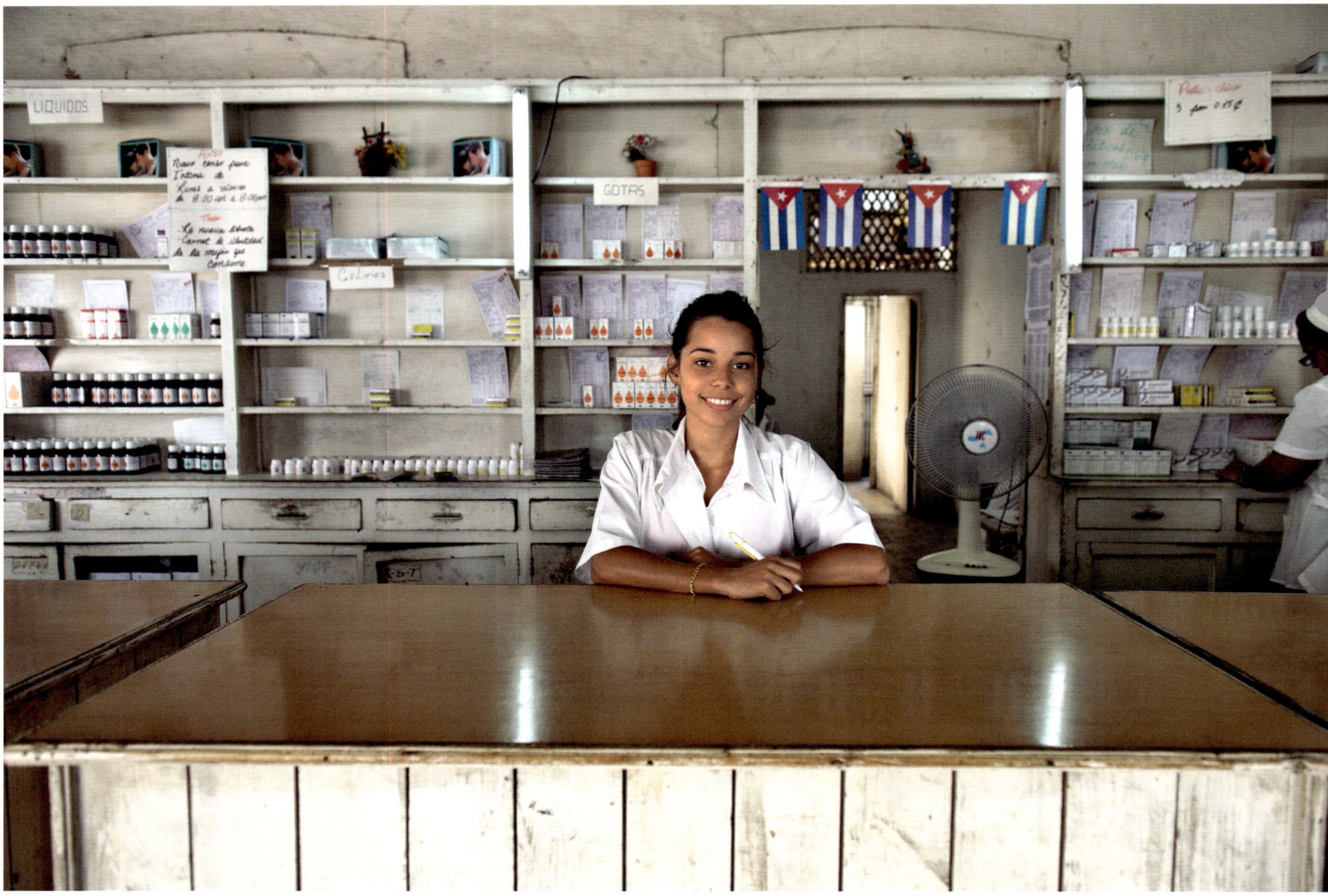
LIQUIDOS
GOTAS

Gary Munden. *Havana Pharma Girl*, 2009. Pigment print (tirage pigmentaire). 22 x 33 inches (55,9 x 83,8 cm)

Robert Polidori. *Sarra Pharmacy, Teniente Rey 261, Habana Vieja*, 1997. Pigment print mounted on aluminum (tirage pigmentaire monté sur aluminium). 50 x 60 inches (127 x 152,4 cm)

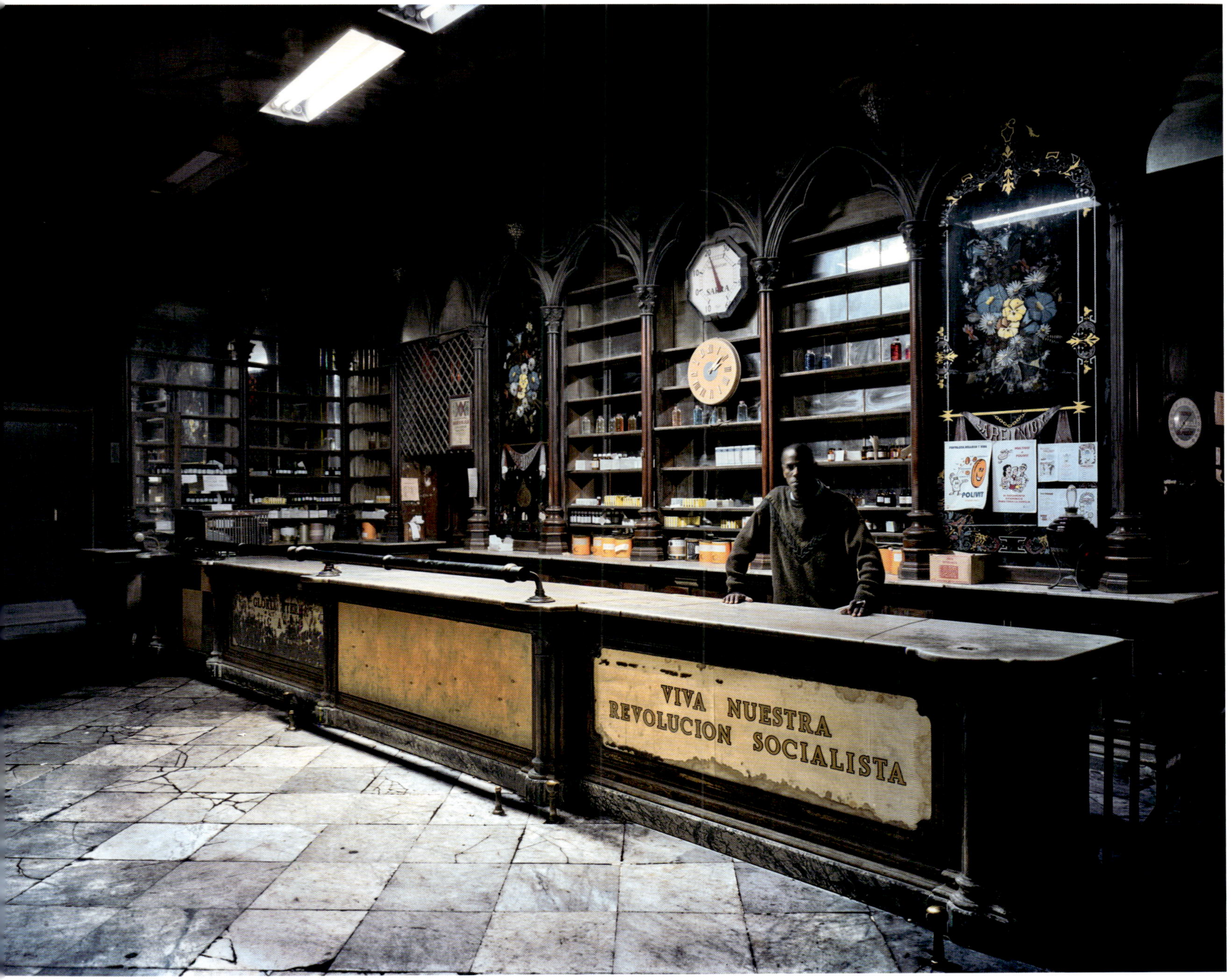
VIVA NUESTRA
REVOLUCION SOCIALISTA
POLIVIT

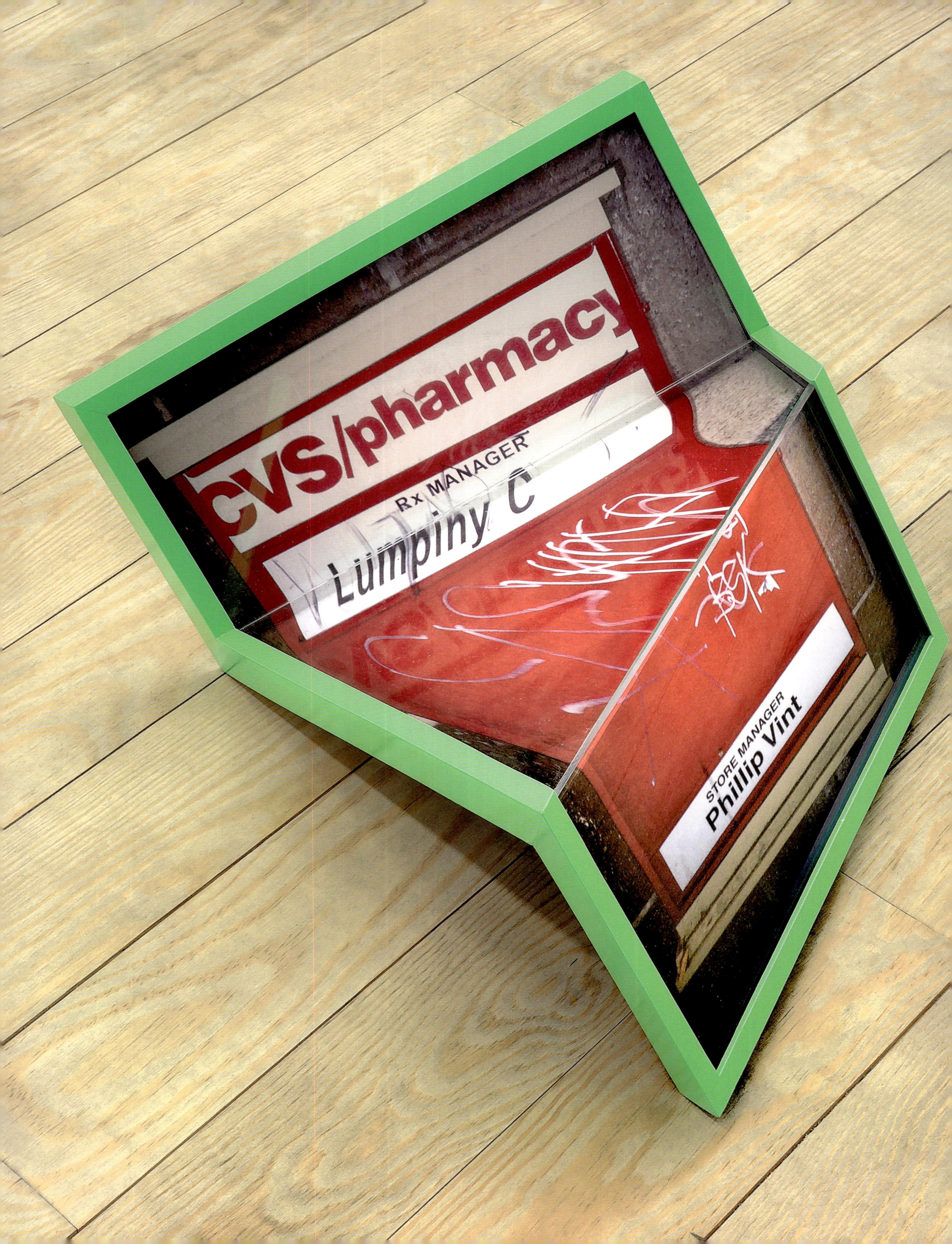

CVS/pharmacy
Rx MANAGER
Lumpiny C
STORE MANAGER
Phillip Vint

Borna Sammak. *Lumpiny C*, 2012. Pigment print from cell phone photograph, in artist's frame (tirage pigmentaire tiré d'une photo prise par téléphone mobile, cadre fourni par l'auteur). 22 x 17 x 13 inches (55,9 x 43,1 x 33 cm)

William Eggleston. *Untitled,* c. 1983–86. Pigment print (tirage pigmentaire). 28 ¾ x 20 ¾ inches (73 x 52,7 cm)

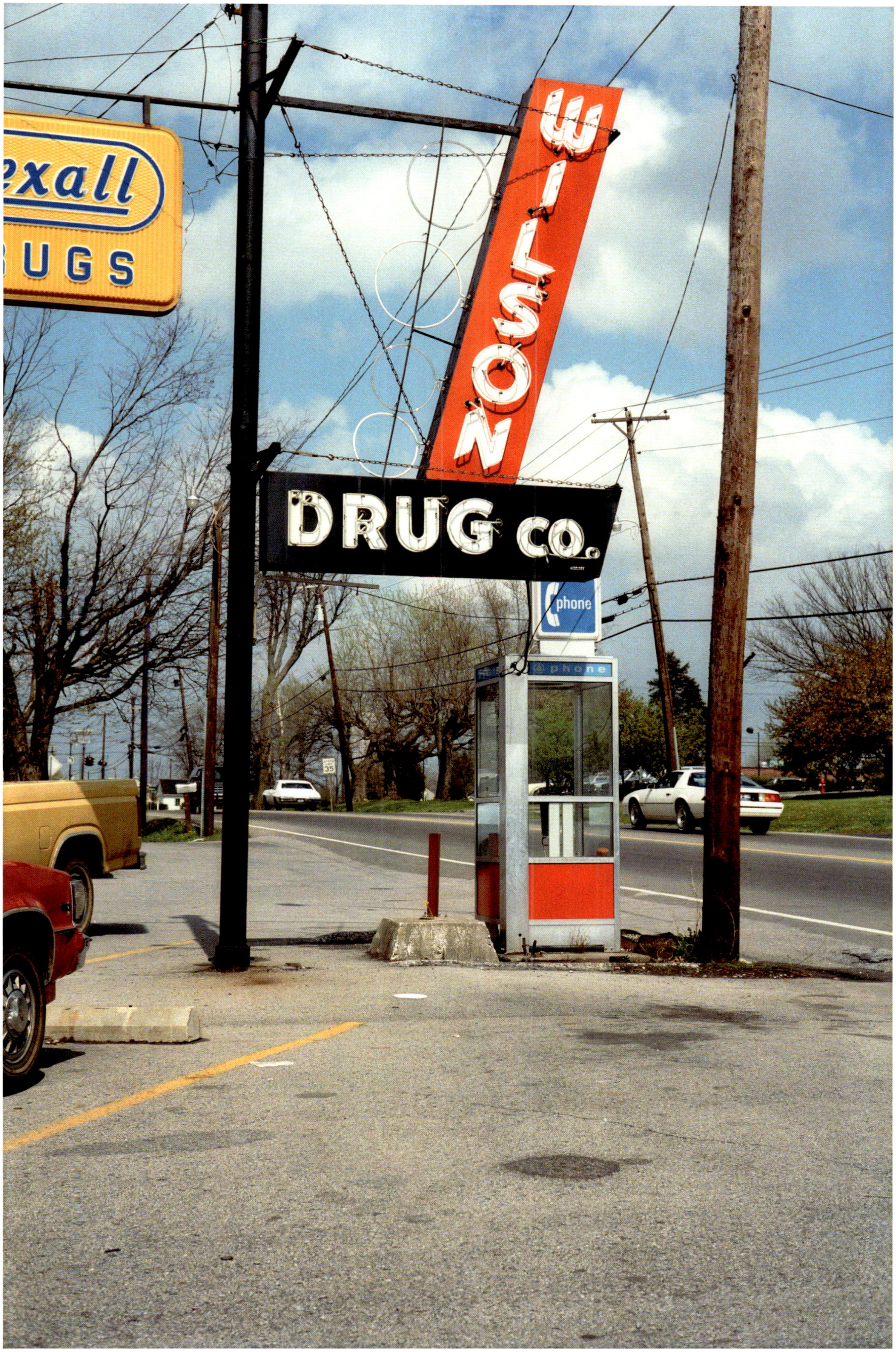

exall
UGS
WILSON
DRUG CO.
phone
phone

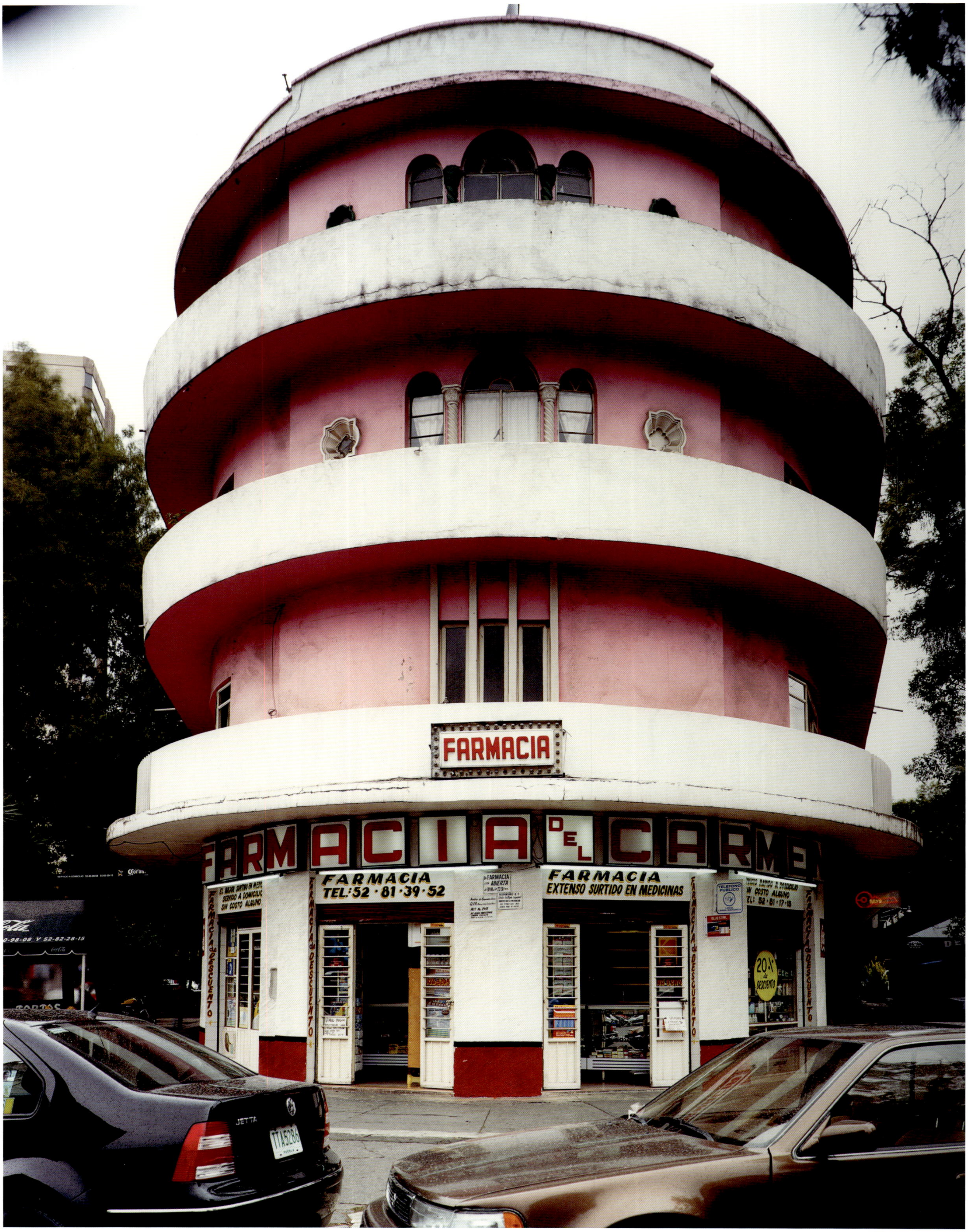
FARMACIA
FARMACIA
TEL: 52 · 81 · 39 · 52
FARMACIA
EXTENSO SURTIDO EN MEDICINAS
JETTA

Jim Dow. *Farmacia, Polanco Mexico City, DF Mexico*, 2005. Chromogenic color print (tirage chromogénique). 24 x 20 inches (61 x 50,8 cm)

Shintaro Sato. *Hiratsuka, Shinagawa Ward, Tokyo*, 1997–99. Pigment print (tirage pigmentaire). 20 x 24 inches (50,8 x 61 cm)

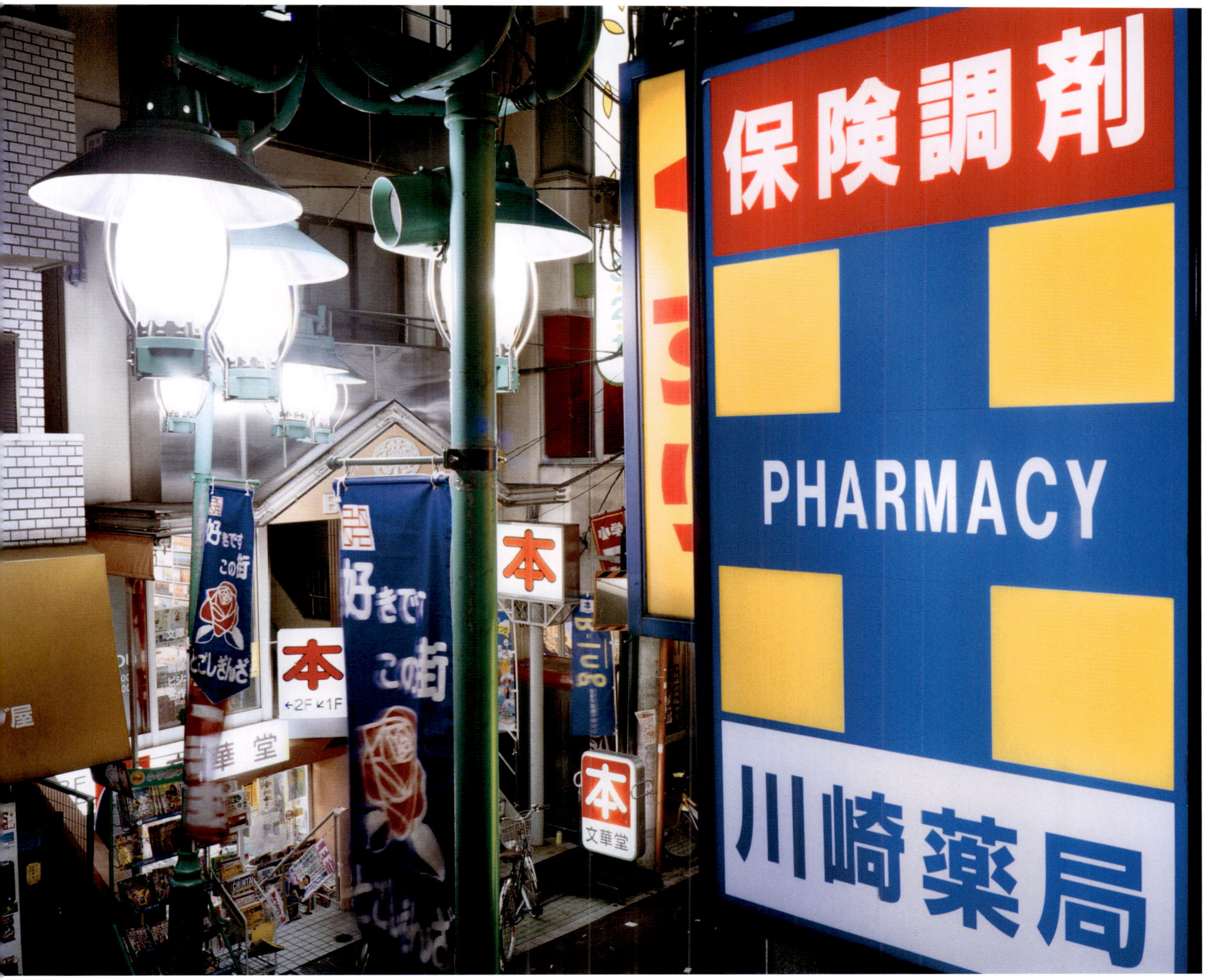
保険調剤
PHARMACY
川崎薬局
本
←2F ↙1F
好きです
この街
本
文華堂

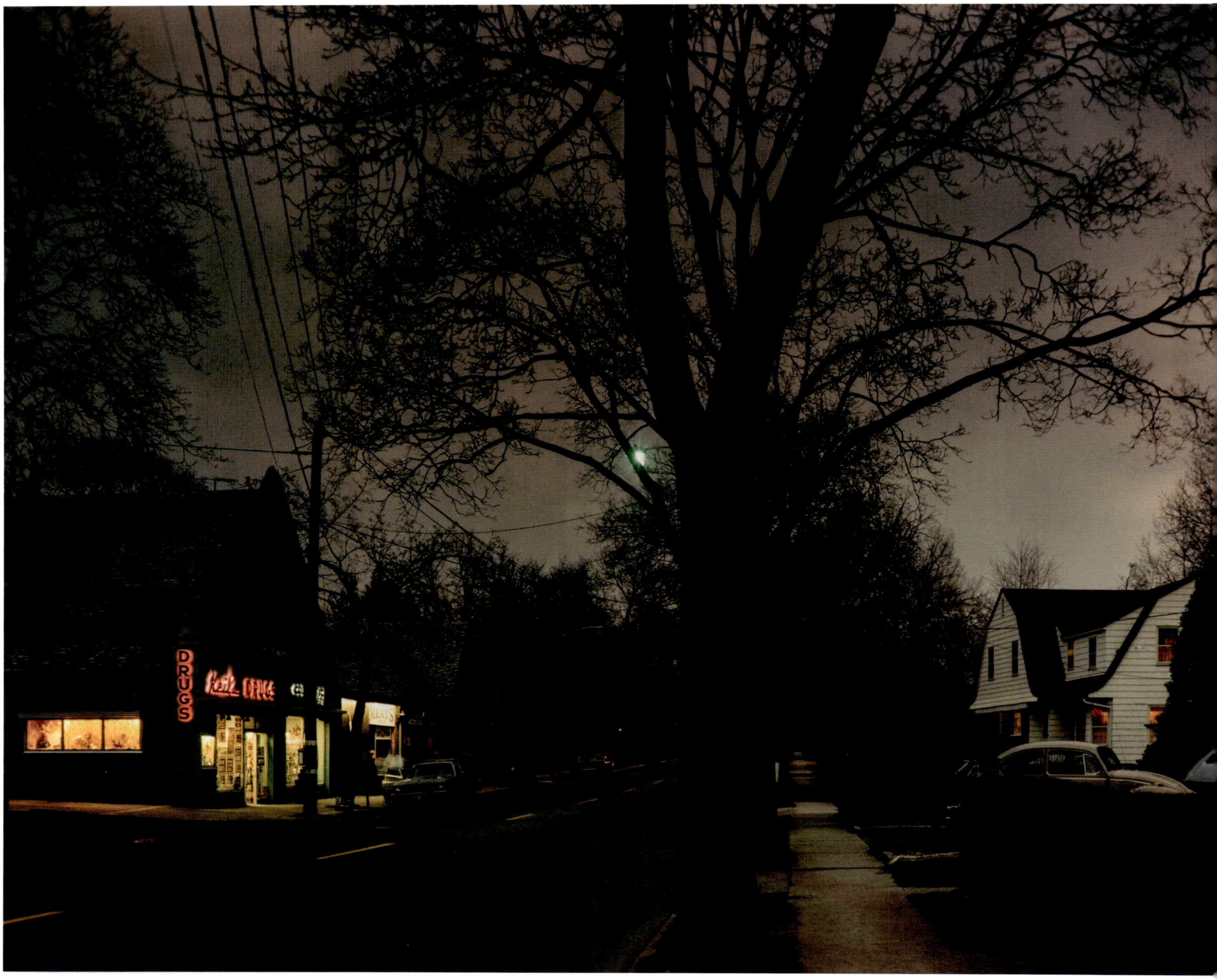

Joel Meyerowitz. *Dusk, New Jersey*, 1978. Pigment print (tirage pigmentaire). 20 x 24 inches (50,8 x 61 cm)

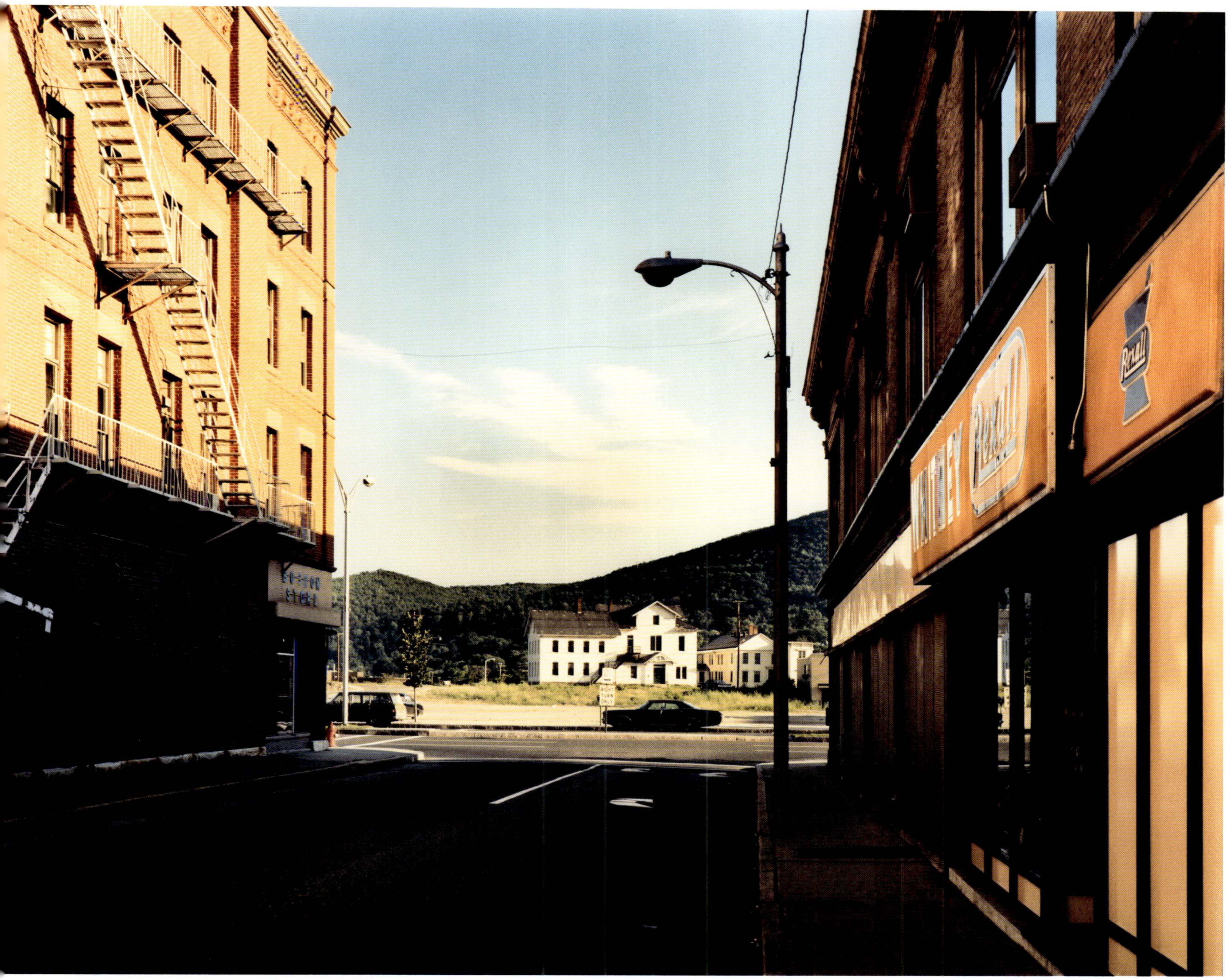

Stephen Shore. *Holden St., North Adams, Massachusetts 13/7/1974*, 2000. Chromogenic color print (tirage chromogénique) 20 x 24 inches (50,8 x 61 cm)

Dayanita Singh. *Homeopathy Shop*, 2006. Gelatin silver print (tirage argentique). 9 ⅞ x 9 ⅞ inches (25 x 25 cm)

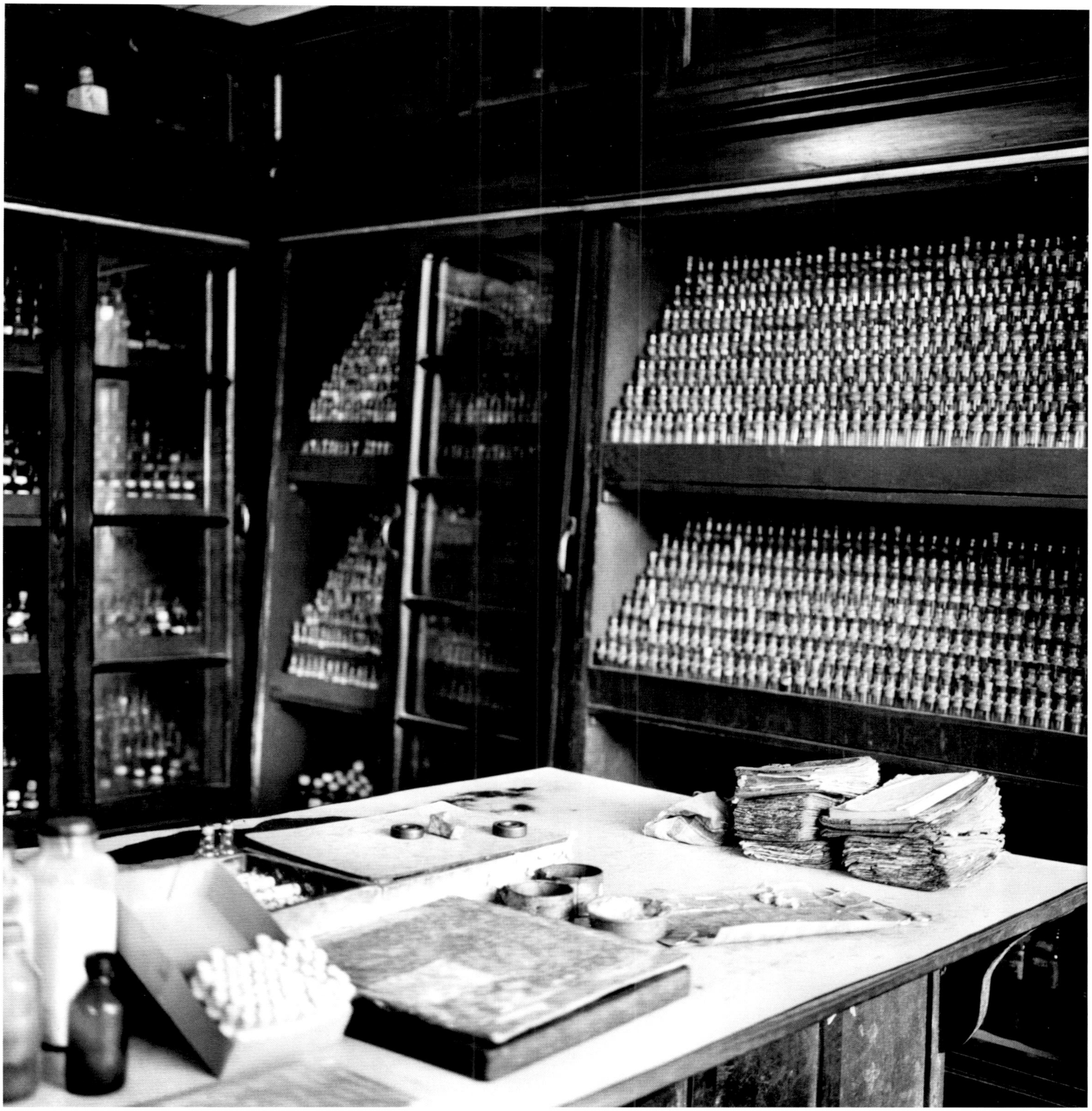

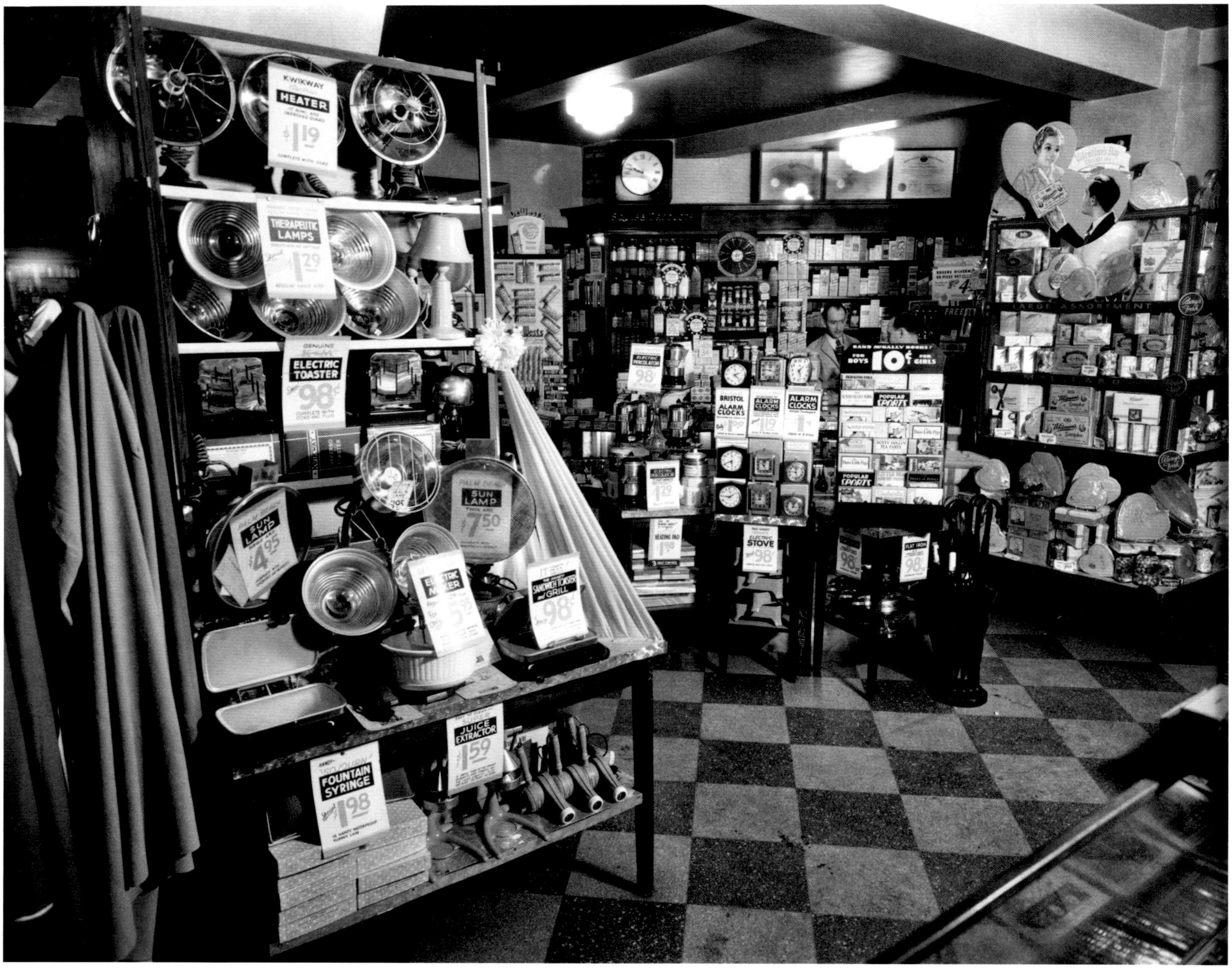
KWIKWAY
HEATER
THERAPEUTIC LAMPS
GENUINE
ELECTRIC TOASTER
98¢
SUN LAMP
4.95
SUN LAMP
7.50
SANDWICH TOASTER and GRILL
98¢
JUICE EXTRACTOR
1.59
FOUNTAIN SYRINGE
1.98
ELECTRIC PERCOLATOR
98¢
BRISTOL
ALARM CLOCKS
ALARM CLOCKS
HEATING PAD
ELECTRIC STOVE
98¢
FOR BOYS 10¢ FOR GIRLS
POPULAR SPORTS
LARGE ASSORTMENT

Berenice Abbott. *Whelan's Drug Store, Eighth Avenue & West 44th Street, February 7, 1936*, 1936. Gelatin silver print (tirage argentique). 7 ½ x 9 ½ inches (19,1 x 24,1 cm)

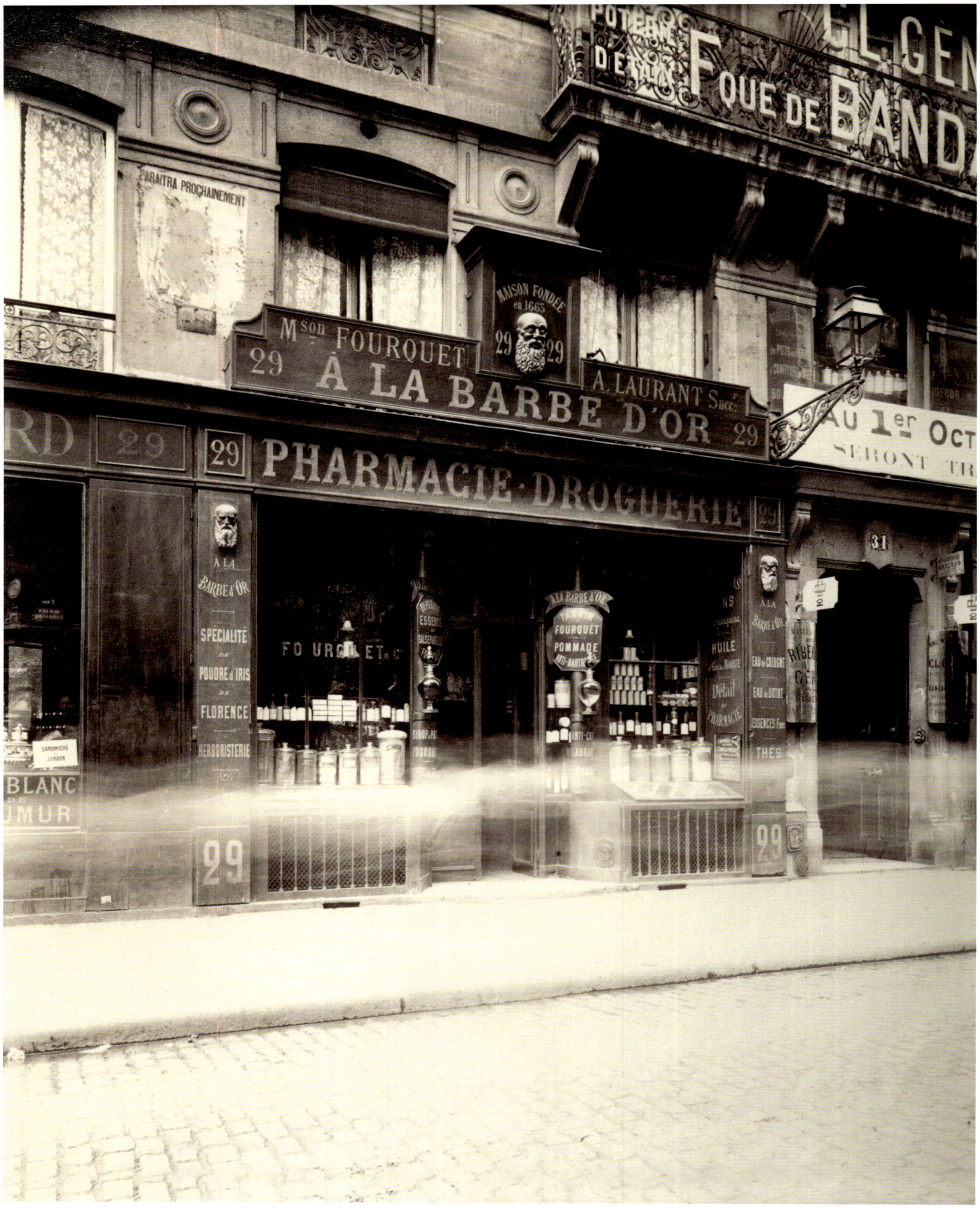

Eugène Atget. *A La Barbe d'or–rue des Lombards 29,* 1900. Albumen print (tirage à l'albumine). 8 ⅛ x 6 ⅝ inches (20,7 x 16,9 cm)

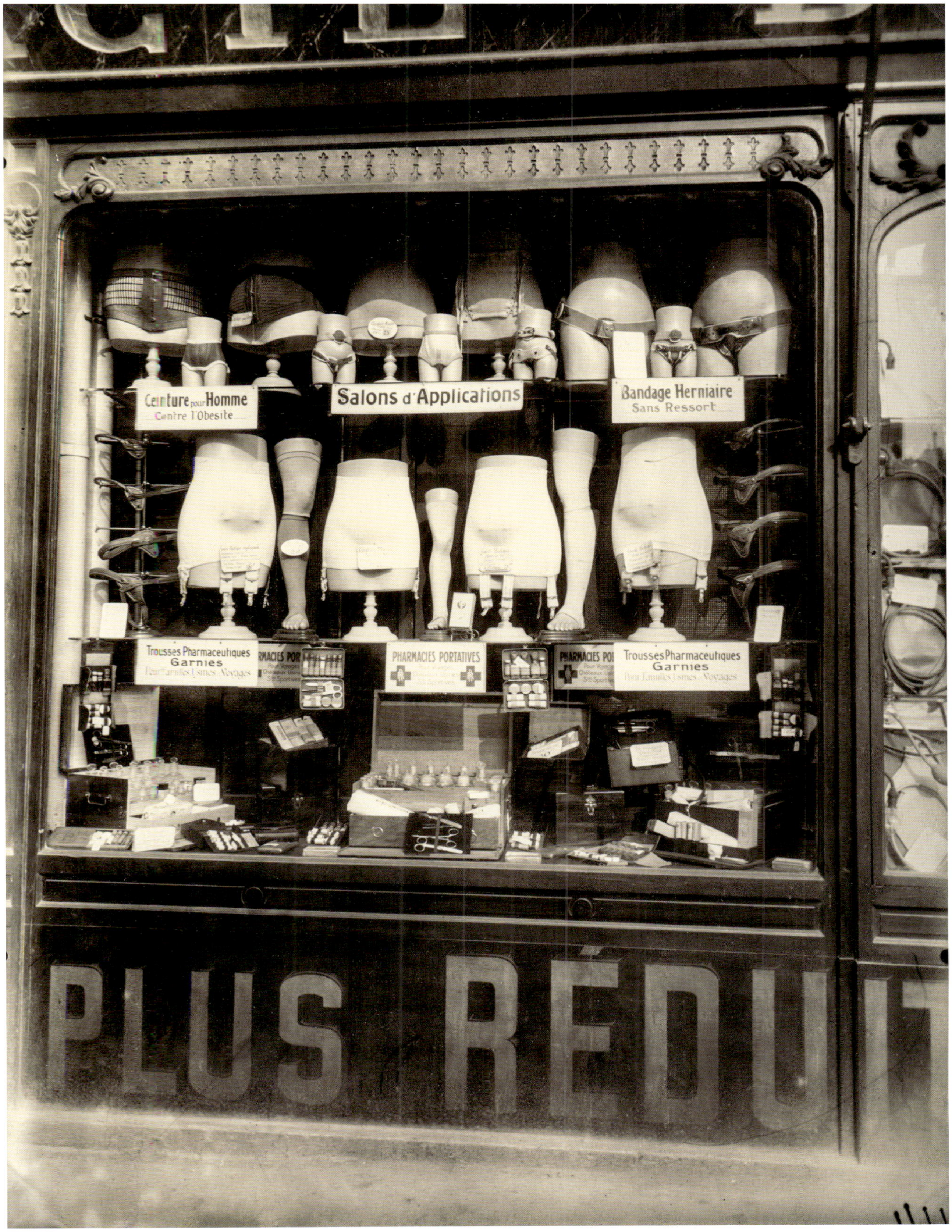

Eugène Atget. *Pharmacie, boulevard de Strasbourg, Paris*, 1921. Aristotype (tirage sur aristotype). 8 ¾ x 7 inches (22,2 x 17,8 cm)

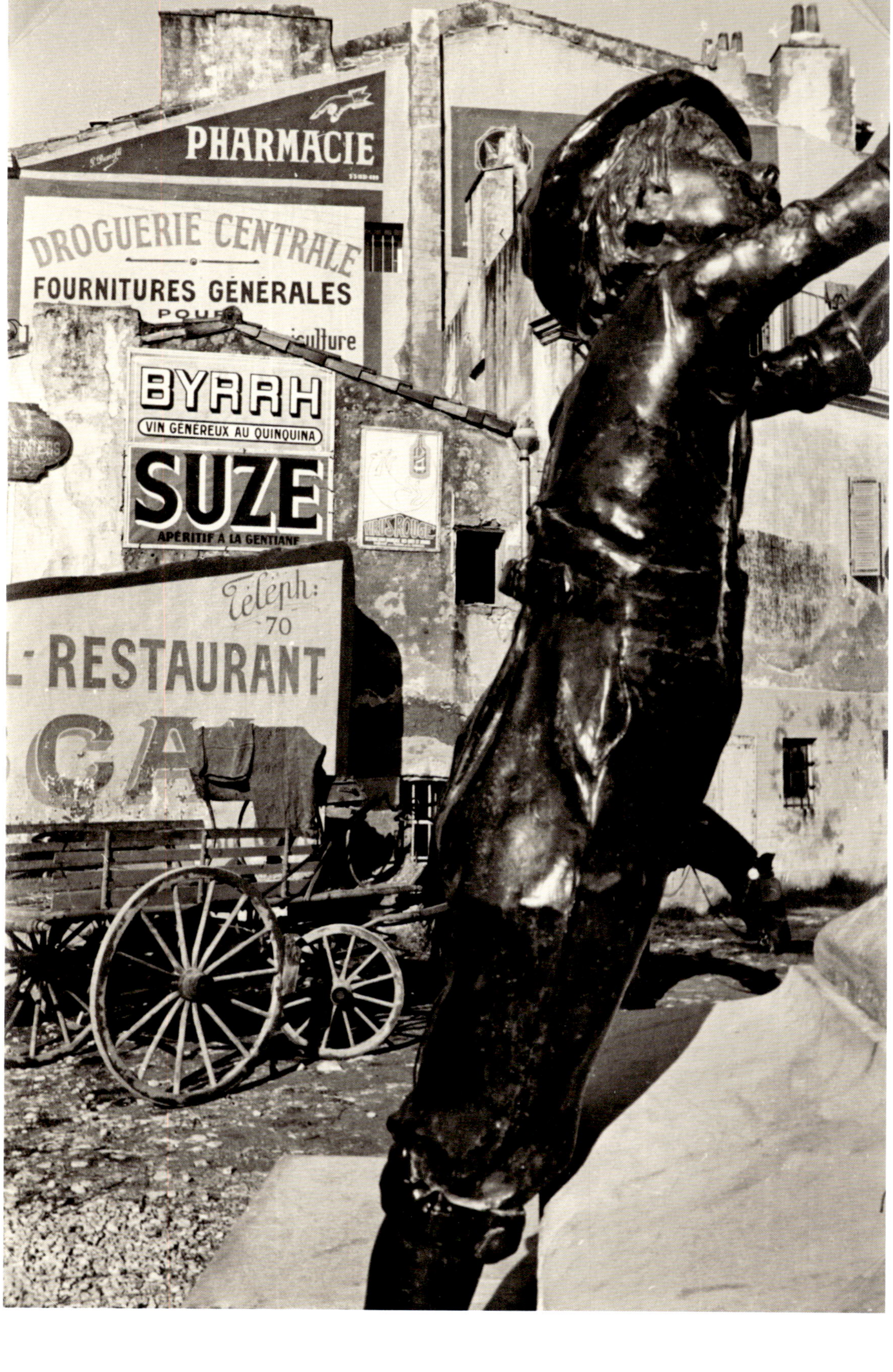
PHARMACIE
DROGUERIE CENTRALE
FOURNITURES GÉNÉRALES
BYRRH
VIN GÉNÉREUX AU QUINQUINA
SUZE
APÉRITIF A LA GENTIANE
Téléph: 70
RESTAURANT

Henri Cartier-Bresson. *Martigues, France*, 1932. Gelatin silver print (tirage argentique). 9 ¾ x 6 ½ inches (24,8 x 16,5 cm)

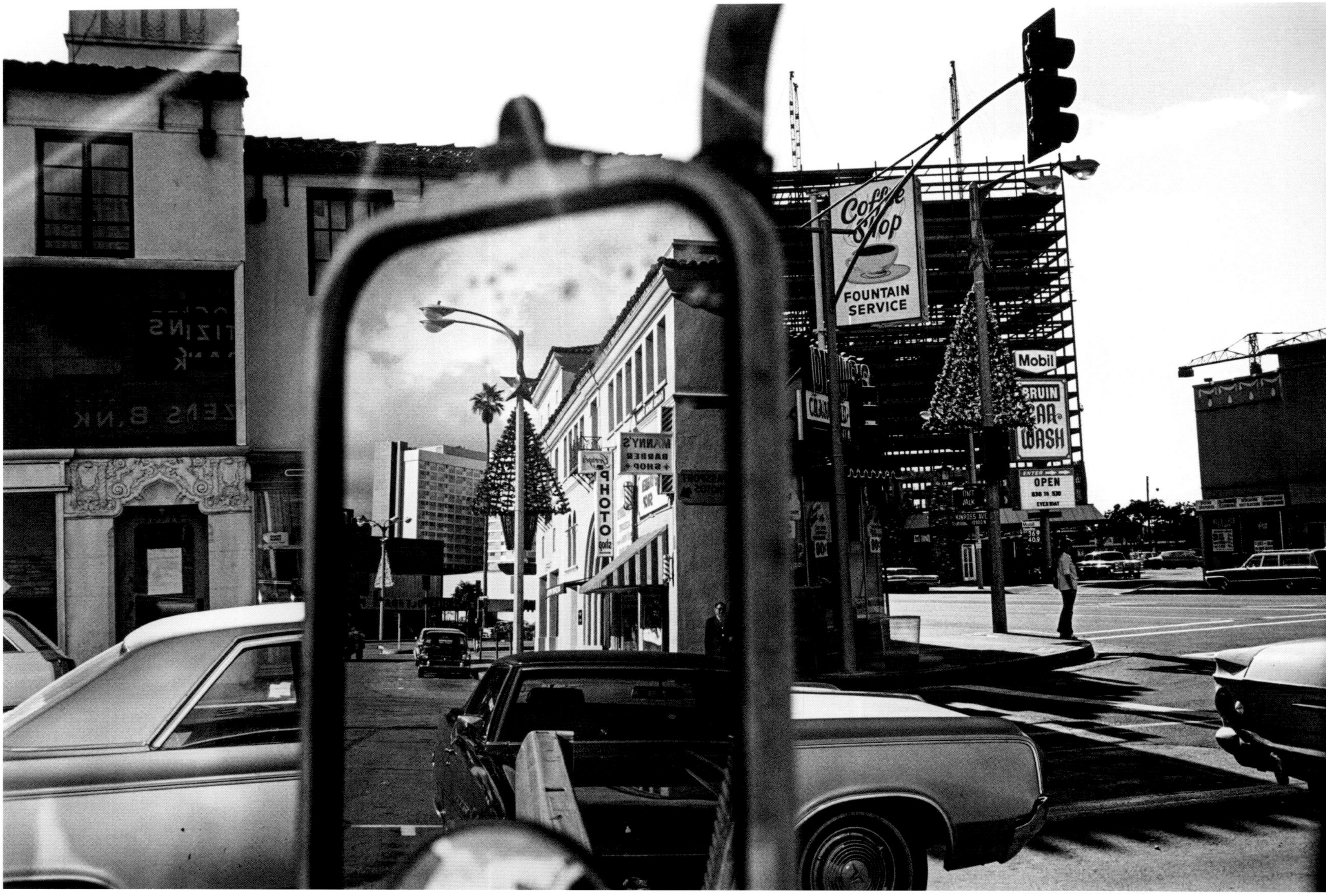

Lee Friedlander. *LA, 1970*, 1970. Gelatin silver print (tirage argentique). 16 x 20 inches (40,6 x 50,8 cm)

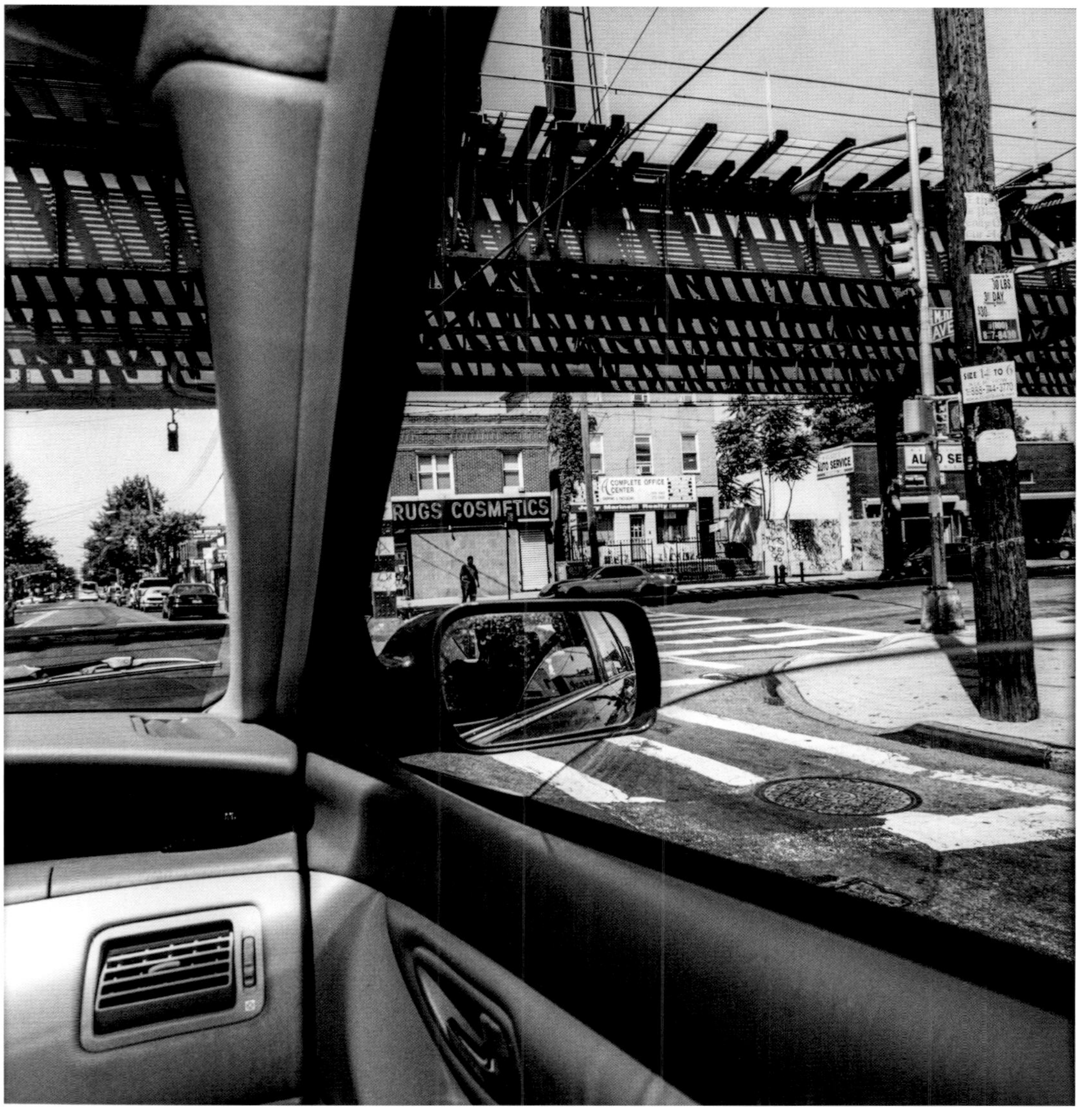

Lee Friedlander. *Brooklyn, New York,* 2002. Gelatin silver print (tirage argentique). 15 x 15 inches (38,1 x 38,1 cm)

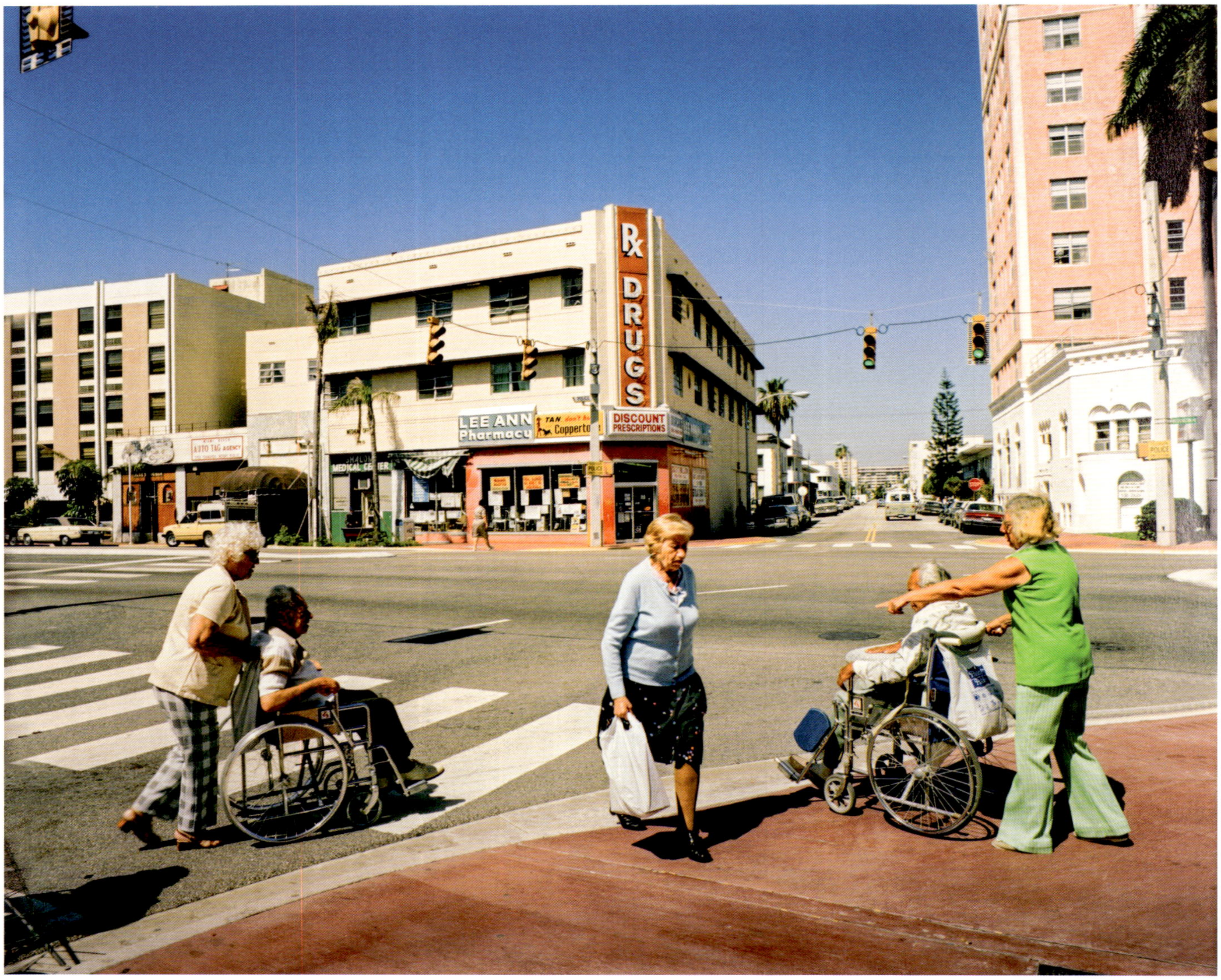

Gay Block. *Untitled (Wheelchairs), South Beach, Miami,* 1982–85. Pigment print (tirage pigmentaire). 19 x 23 ½ inches (48,3 x 59,7 cm)

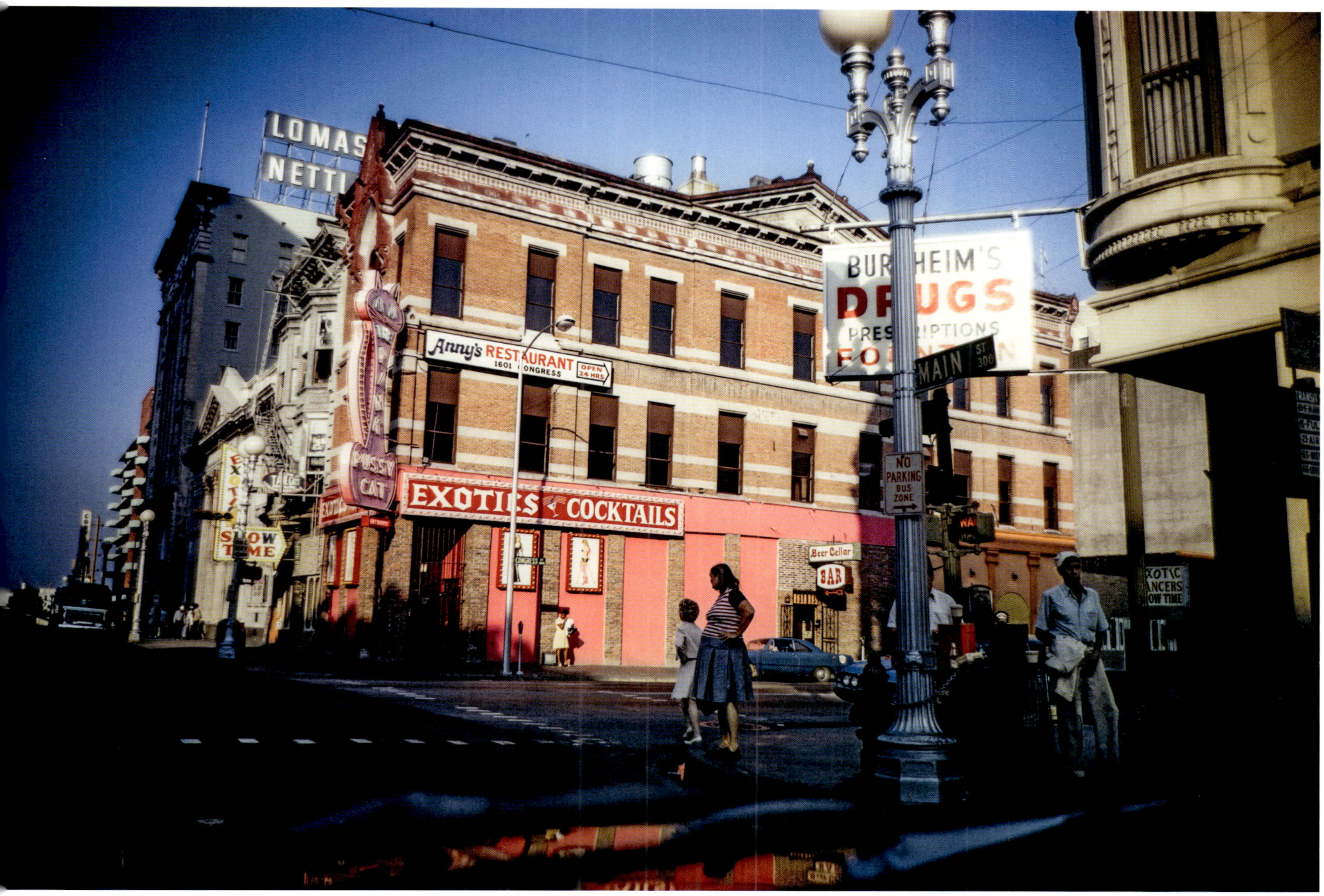

Mitch Epstein *Houston, Texas, 1974*, 1974. Chromogenic color print (tirage chromogénique). 20 x 24 inches (50,8 x 61 cm)

Fred Herzog. *White Lunch, Granville*, 1959. Pigment print (tirage pigmentaire). 38 x 28 inches (96,5 x 71,1 cm)

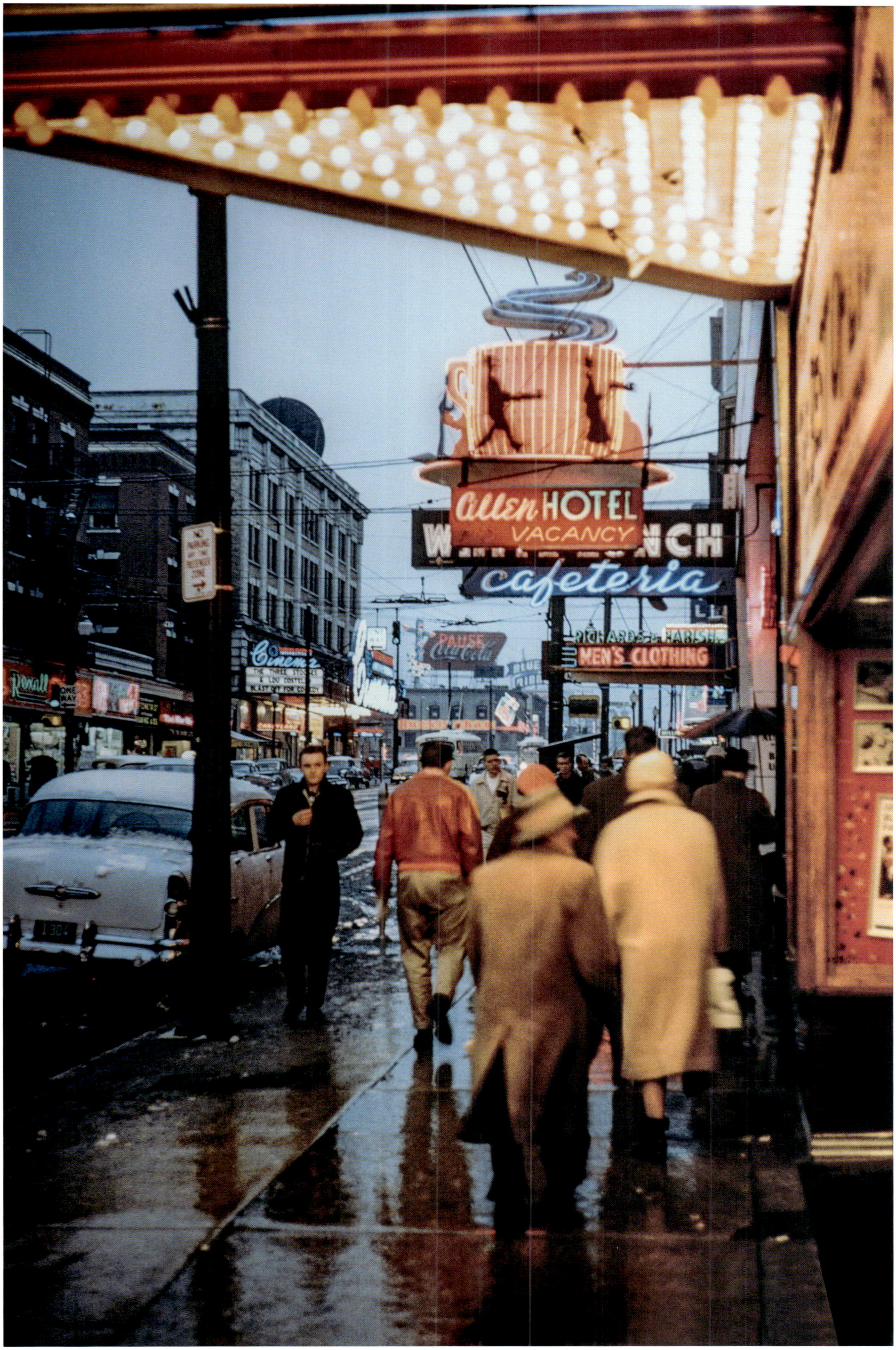

Allen HOTEL
VACANCY
cafeteria
PAUSE
Coca-Cola
RICHARDS & FARISH
MEN'S CLOTHING
Rexall
Cinema

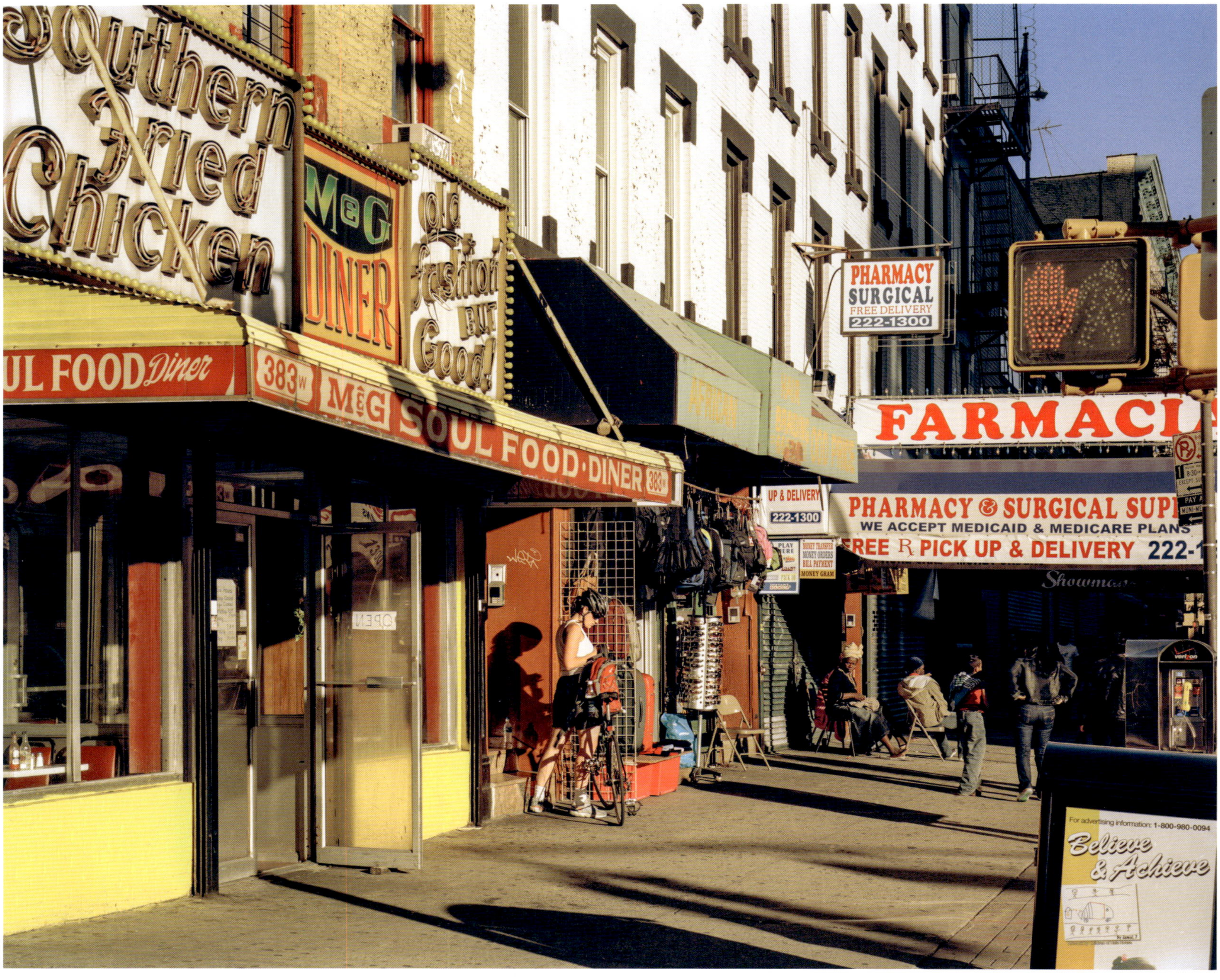
Southern Fried Chicken
M&G DINER
Old Fashion BUT Good!
UL FOOD Diner
383W M&G SOUL FOOD·DINER 383W
PHARMACY SURGICAL FREE DELIVERY 222-1300
FARMACIA
PHARMACY & SURGICAL SUP
WE ACCEPT MEDICAID & MEDICARE PLANS
FREE ℞ PICK UP & DELIVERY 222-1
UP & DELIVERY 222-1300
OPEN
For advertising information: 1-800-980-0094
Believe & Achieve

Edward Hillel and Isaac Diggs. *Harlem #3, NE Corner 125th Street and Morningside Ave*, 2009. Pigment print (tirage pigmentaire). 40 x 50 inches (101,6 x 127 cm)

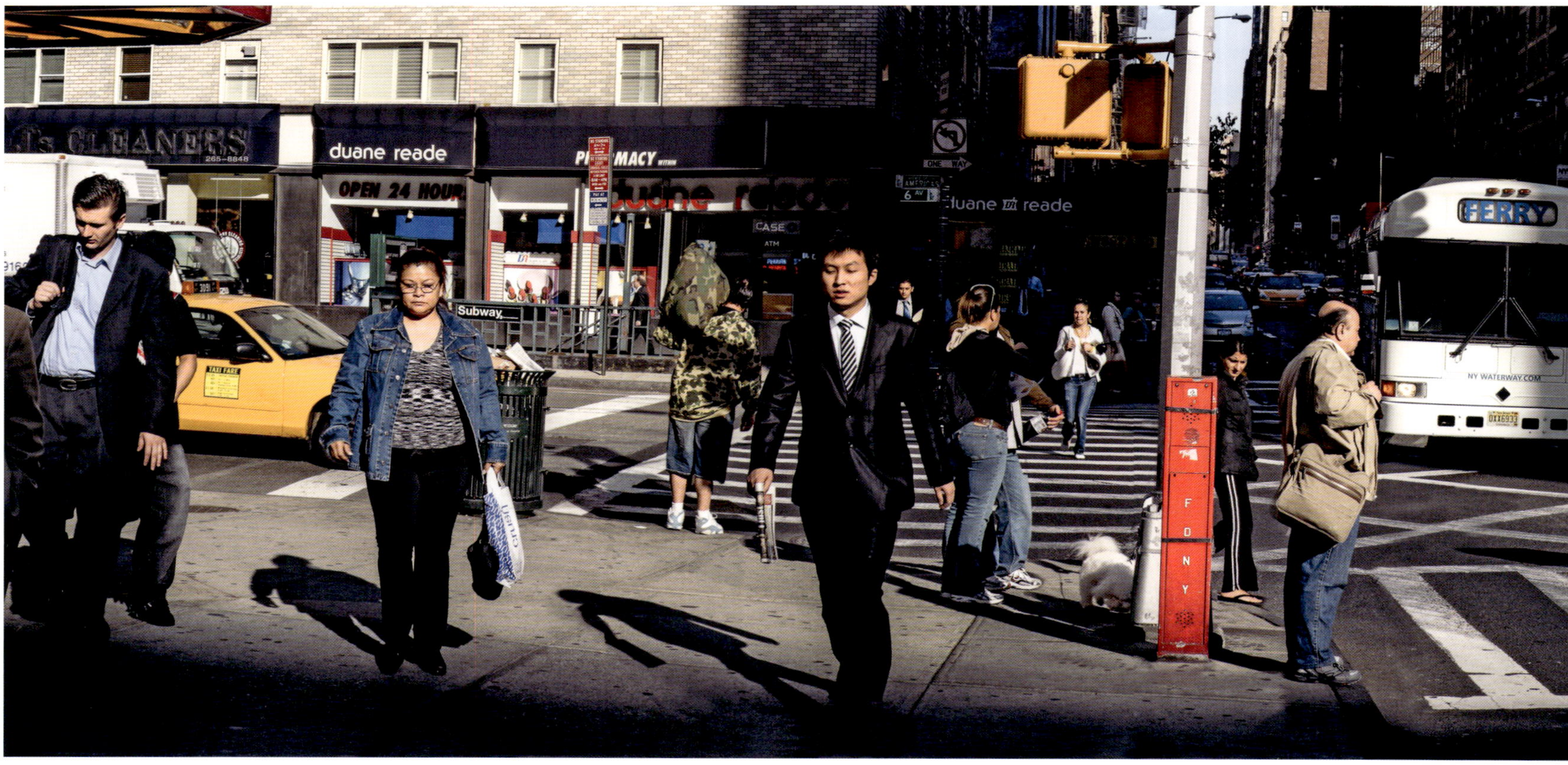
CLEANERS
duane reade
OPEN 24 HOURS
Subway
duane reade
FERRY
F D N Y

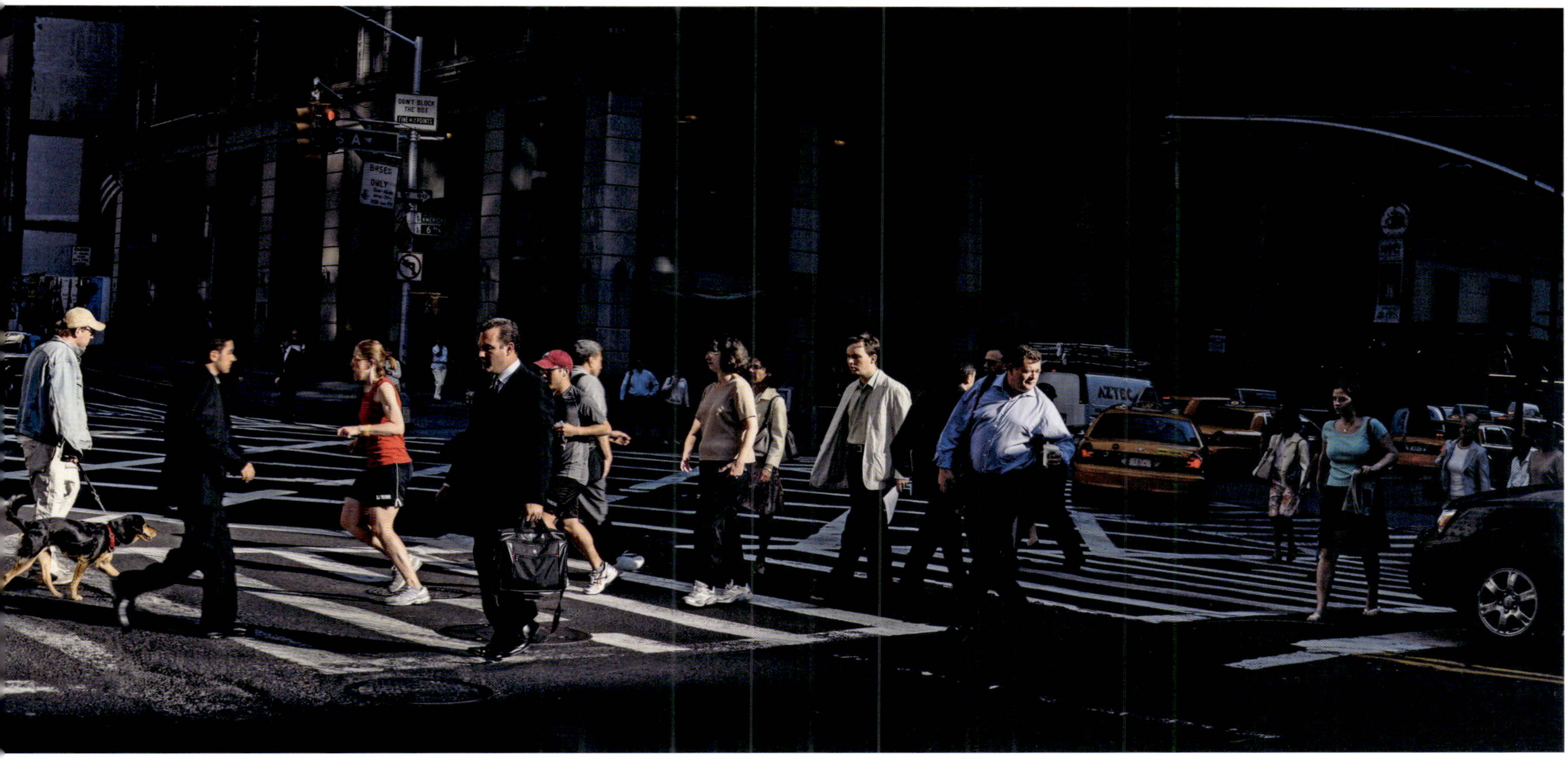

Barry Frydlender. *57th Street and Sixth Avenue,* 2008. Chromogenic color print (tirage chromogénique). 26 x 108 inches (66 x 274,5 cm)

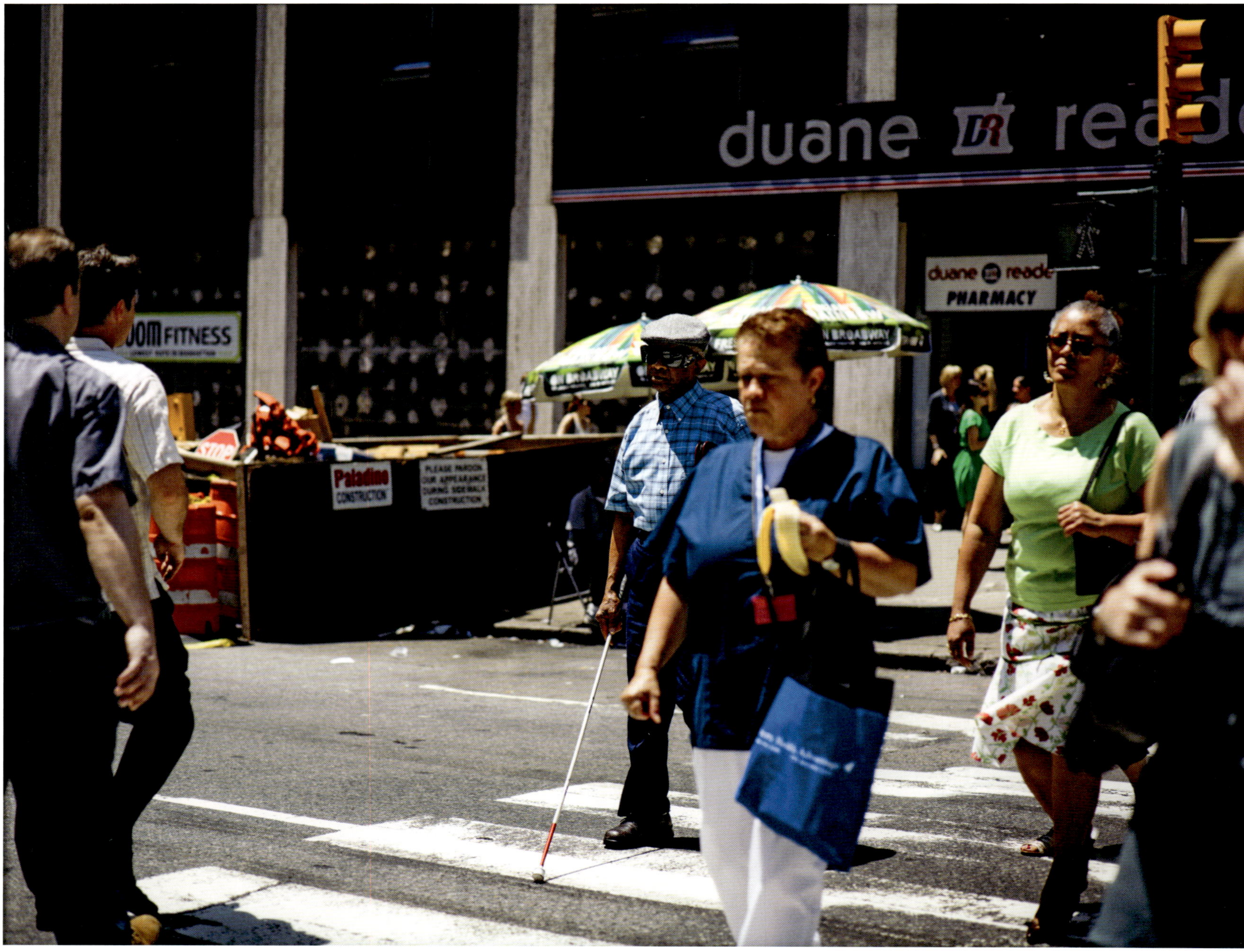
duane
duane reade
PHARMACY
FITNESS
CONSTRUCTION

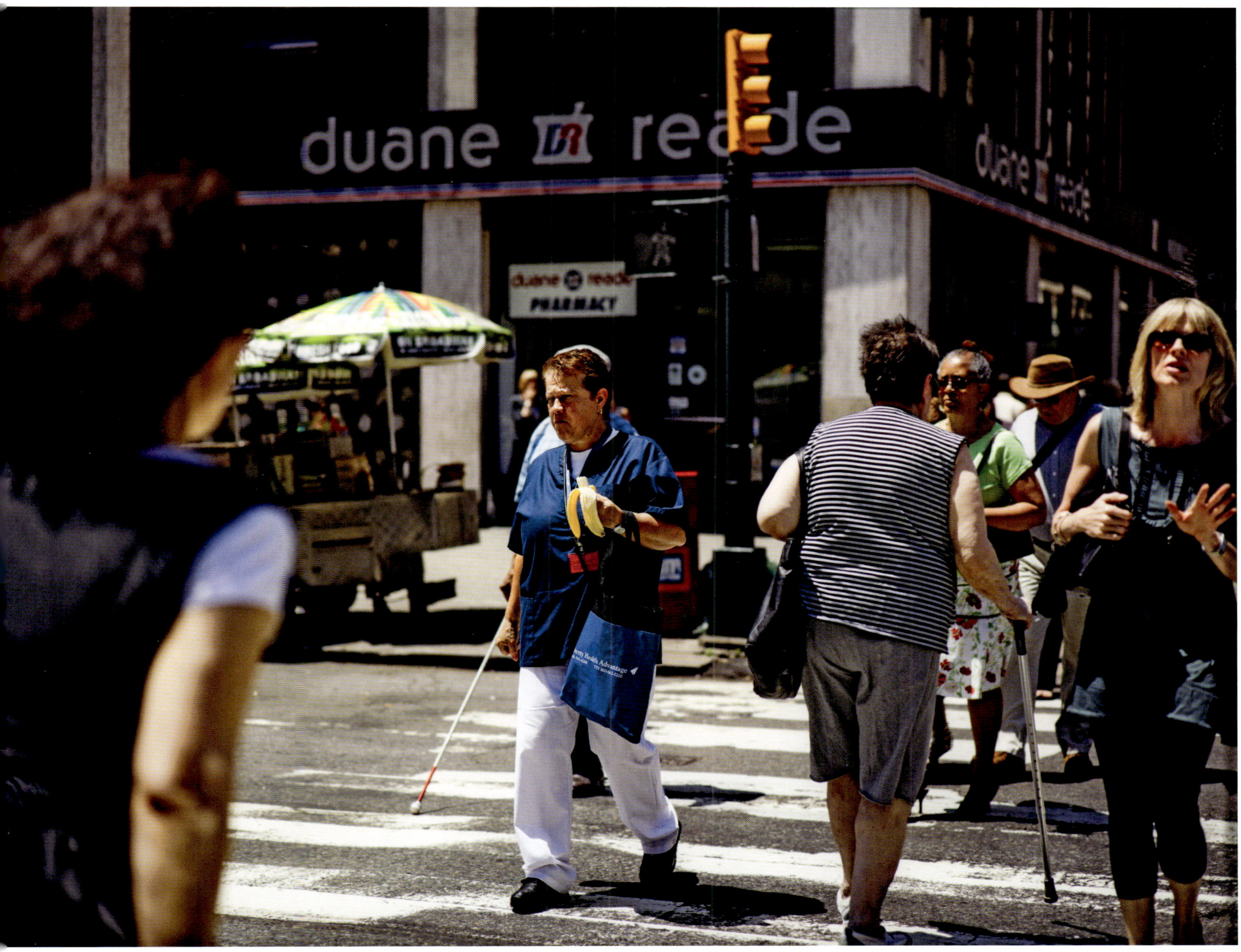

Paul Graham. *Park Avenue, 26th May 2010, 1.19.02 pm,* 2010. Two pigment prints mounted on aluminum (deux tirages pigmentaires montés sur aluminium). 28 x 37 ½ inches each (71,1 x 95,3 cm chacune)

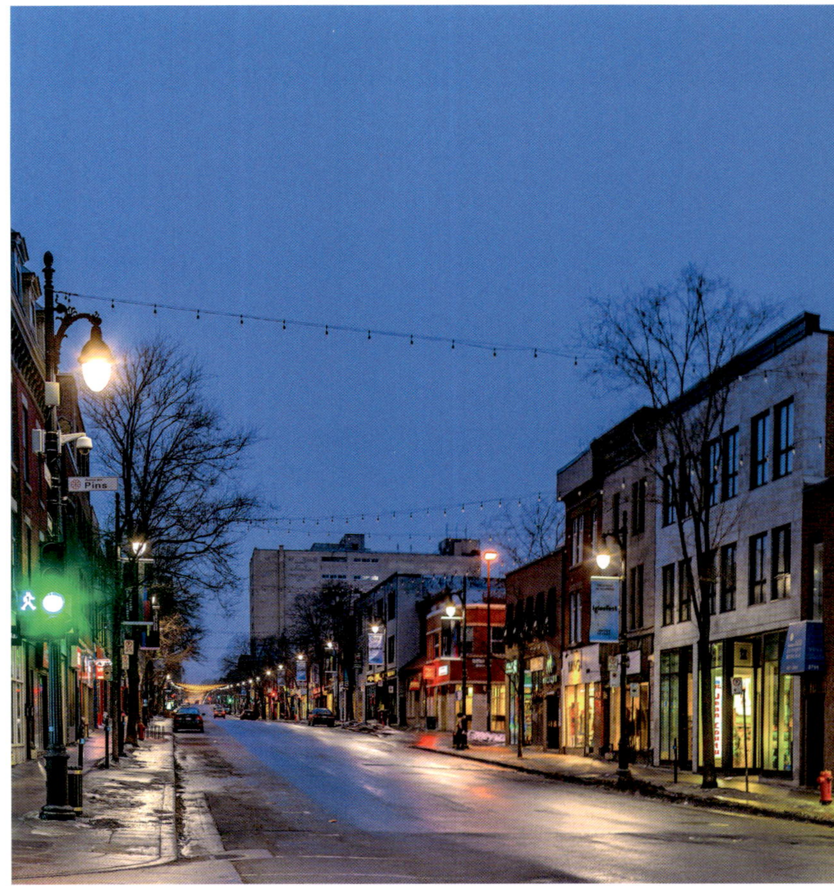
Pins

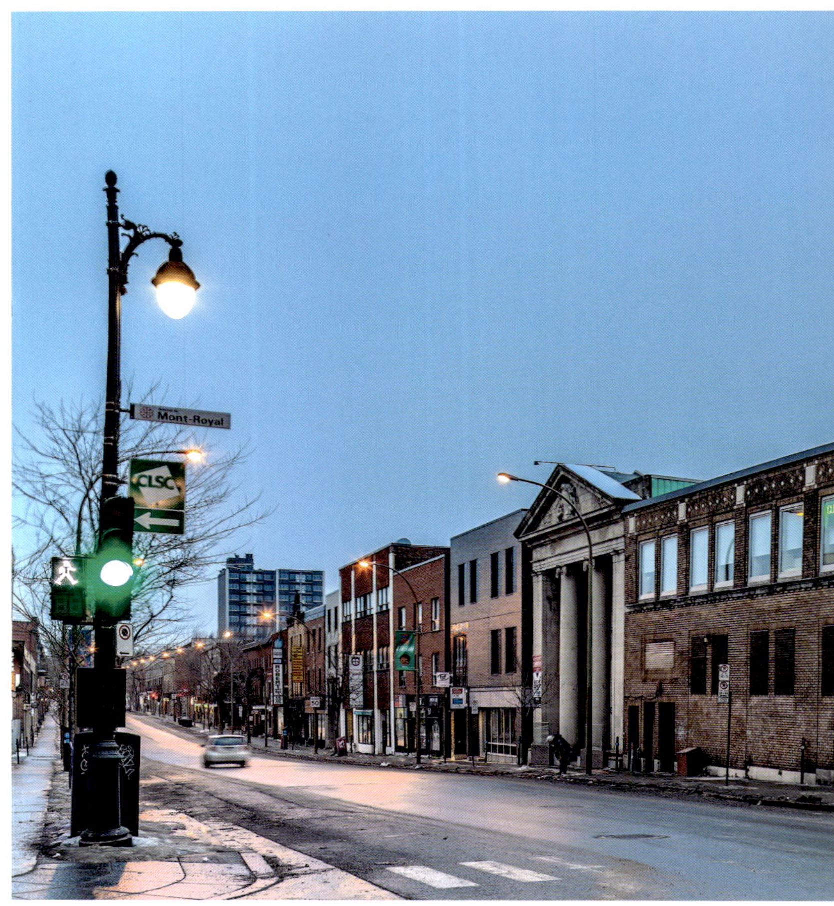
Mont-Royal
CLSC

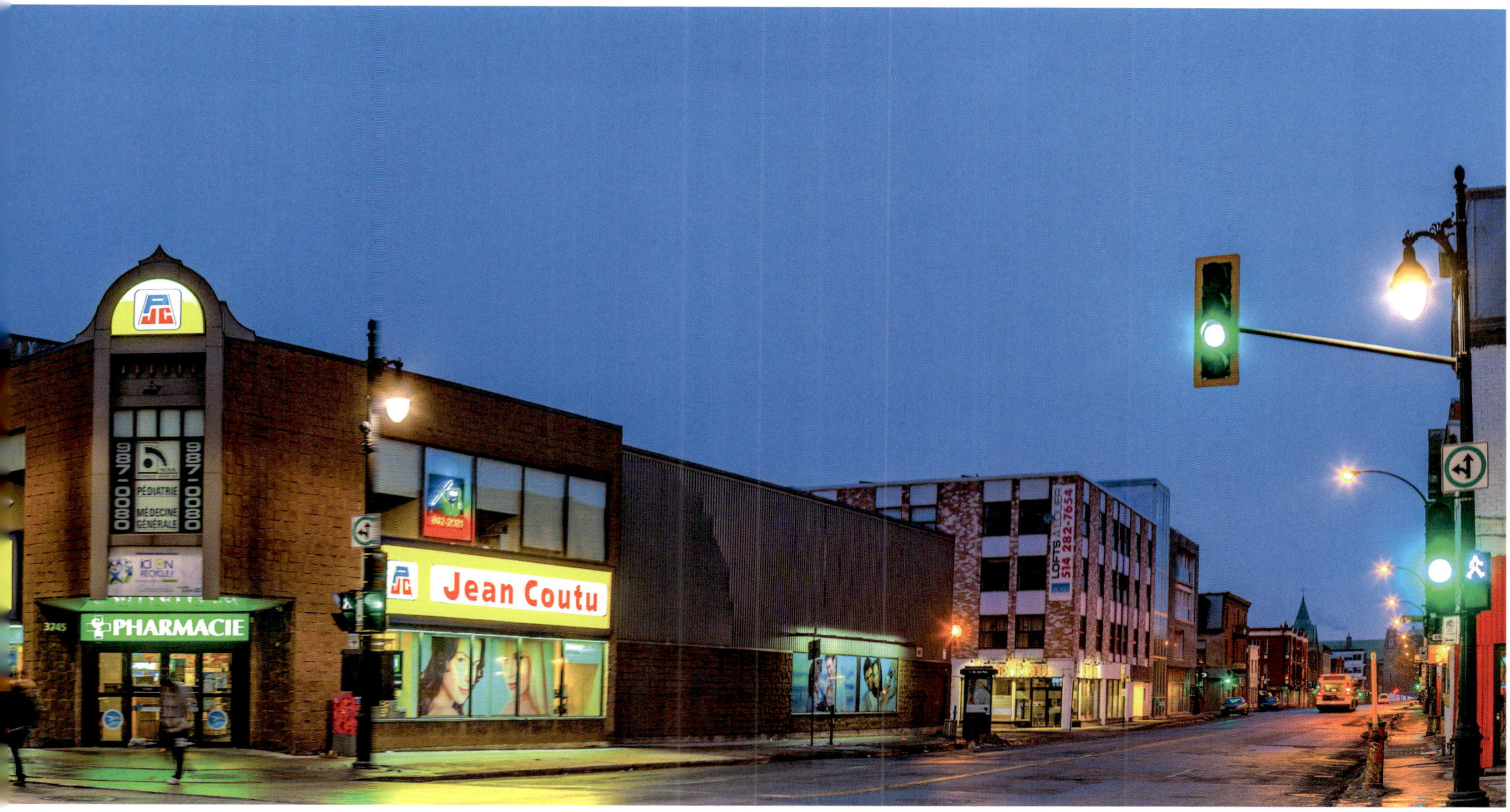

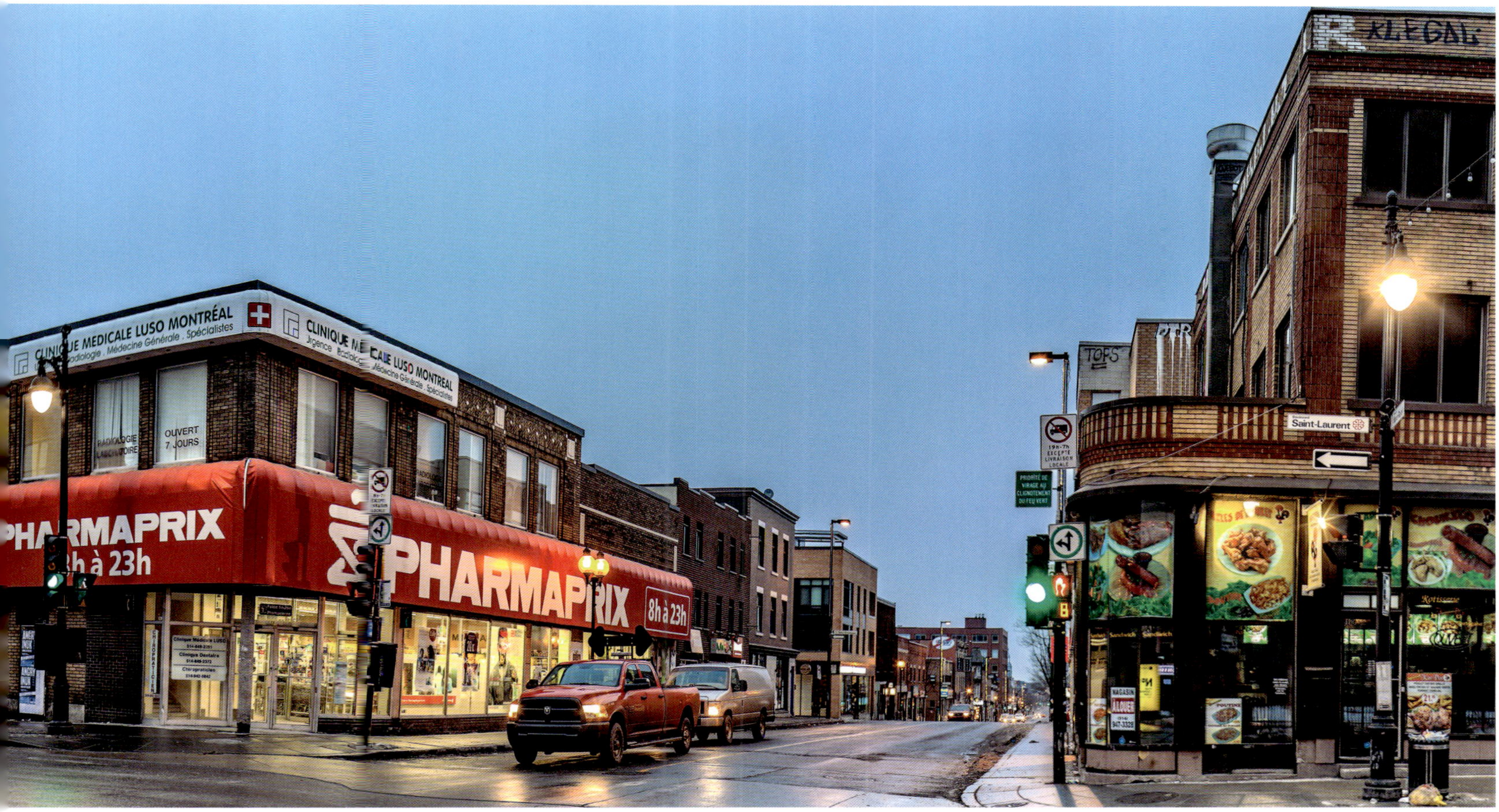

Edward Hillel. *Panoramic Montreal #6*, 2017. Pigment print (tirage pigmentaire). 10 x 30 inches (25,4 x 76,2 cm)
Edward Hillel. *Panoramic Montreal #9*, 2017. Pigment print (tirage pigmentaire). 10 x 30 inches (25,4 x 76,2 cm)

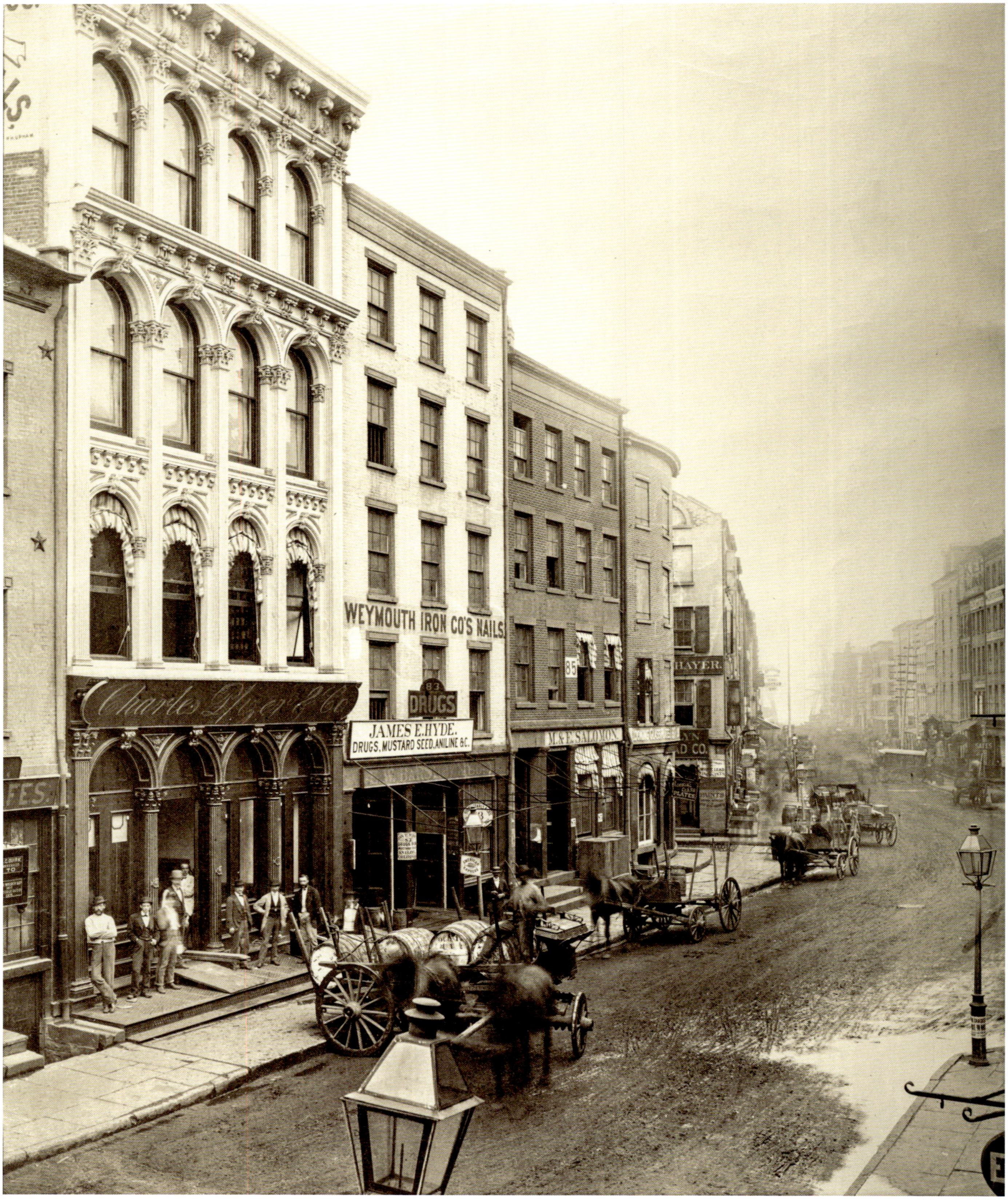

Attributed to Silas A. Holmes. *Charles Pfizer and Drug Store at 81 Maiden Lane, New York*, c. 1870. Albumen print (tirage à l'albumine). 13 x 11 inches (33 x 27,9 cm)

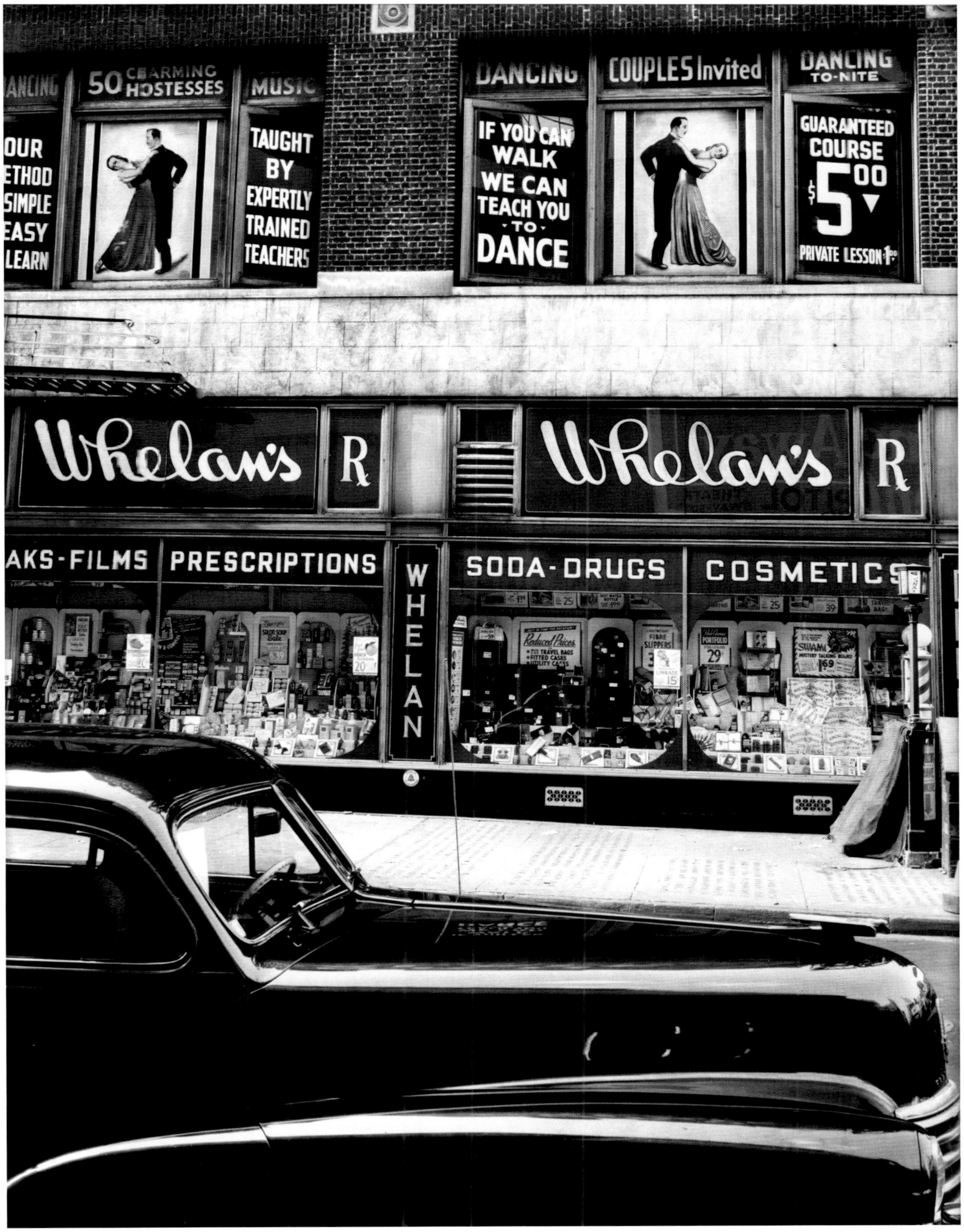

Brett Weston. *Whelan's Drugstore, New York*, 1944. Gelatin silver print (tirage argentique). 10 x 8 inches (25,4 x 20,3 cm)

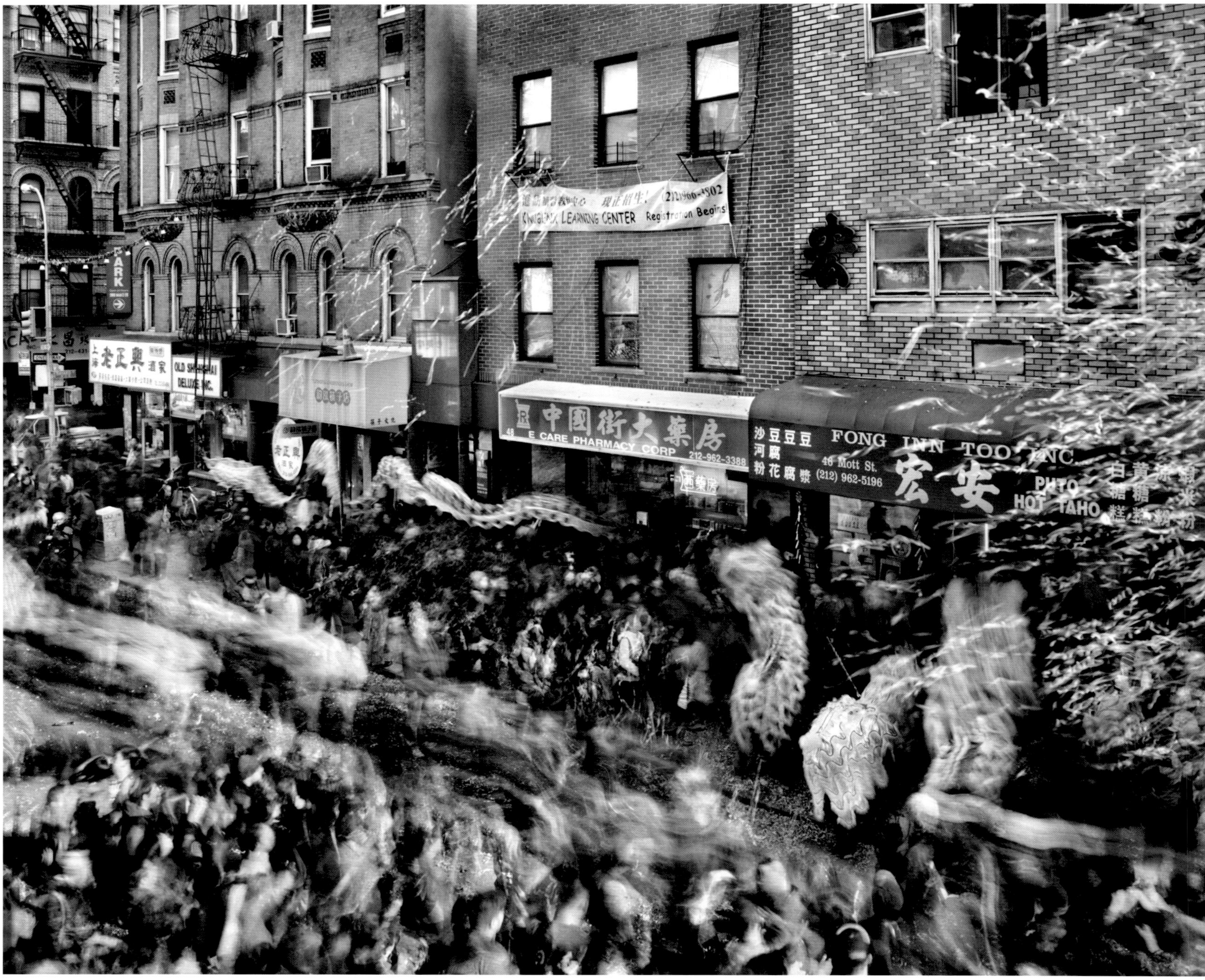

LEARNING CENTER Registration Begins
OLD SHANGHAI DELUXE INC.
中國街大藥房
E CARE PHARMACY CORP
212-962-3388
FONG INN TOO INC
46 Mott St.
(212) 962-5196
宏安
HOT TAHO

Matthew Pillsbury. *Year of the Dragon, New York City*, 2012. Pigment print (tirage pigmentaire). 50 x 60 inches (127 x 152,4 cm)

Walker Evans. *Shop Front, New Orleans*, 1935. Gelatin silver print (tirage argentique). 9 ½ x 7 ¾ inches (24,1 x 19,7 cm)

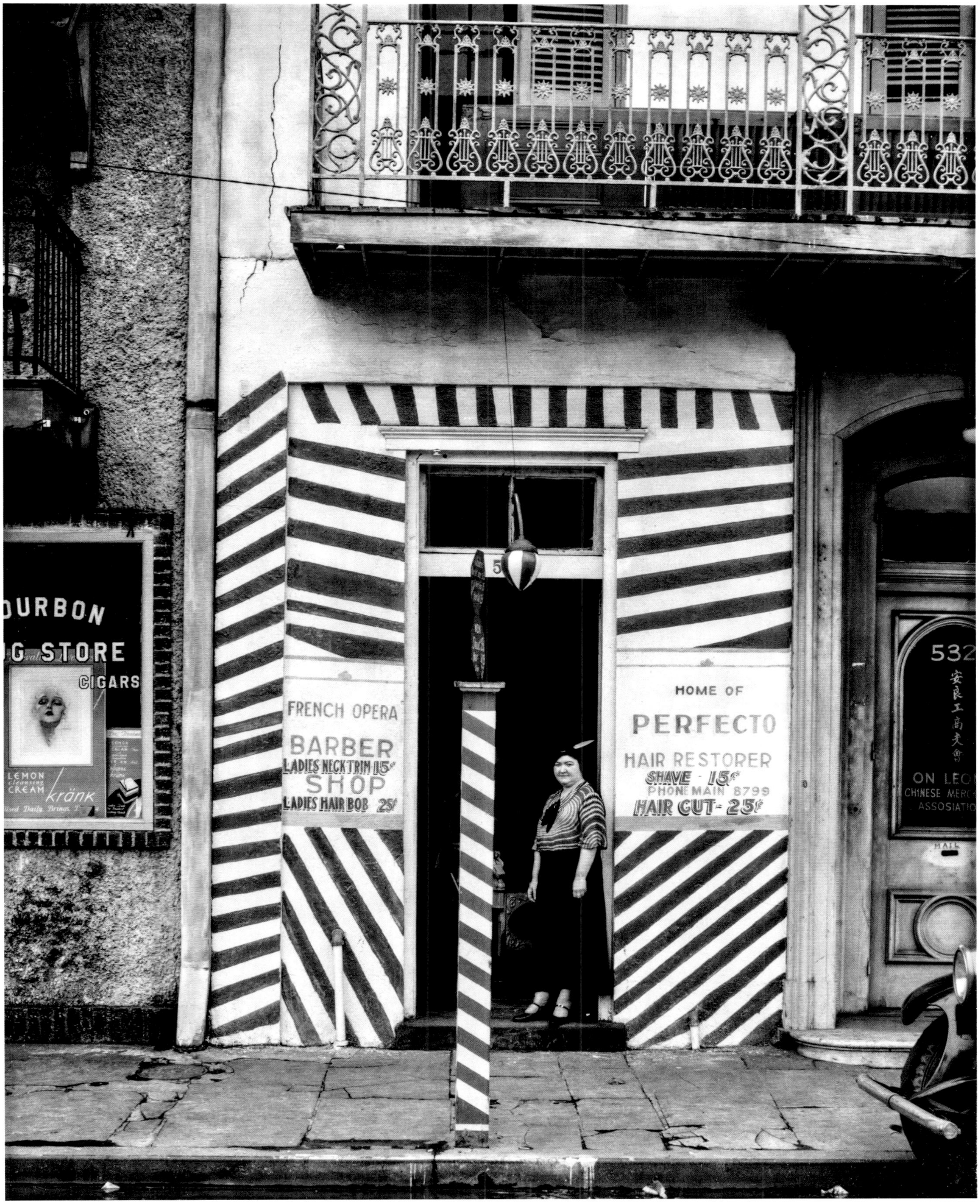
STORE
CIGARS
LEMON
CREAM
kränk
FRENCH OPERA
BARBER
LADIES NECKTRIM 15¢
SHOP
LADIES HAIR BOB 25¢
HOME OF
PERFECTO
HAIR RESTORER
SHAVE - 15¢
PHONE MAIN 8799
HAIR CUT - 25¢
532

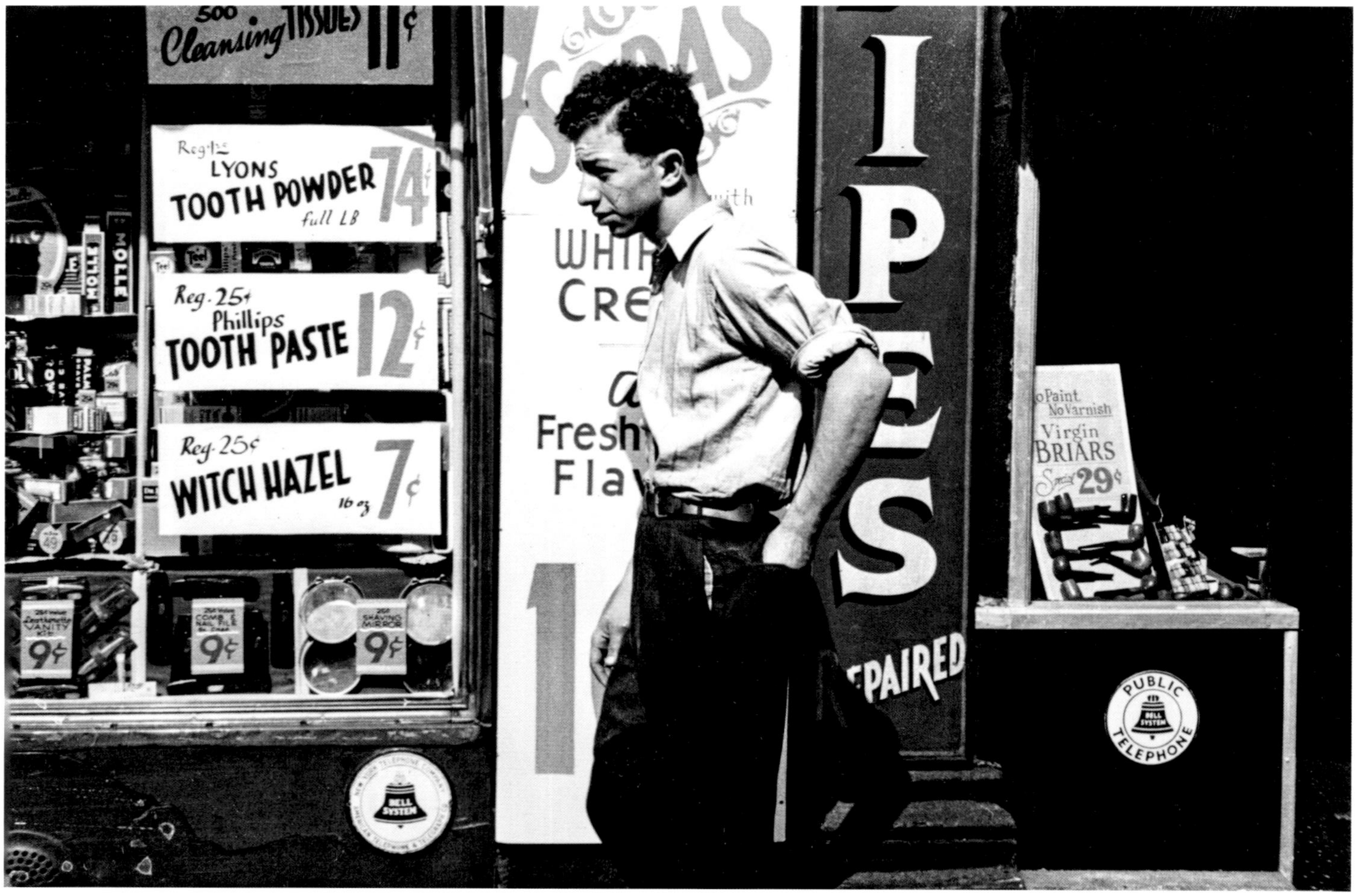

Rudy Burckhardt. *Untitled (Lyons Tooth Powder)*, c. 1939. Gelatin silver print (tirage argentique). 5 x 7 ½ inches (12,7 x 19 cm)

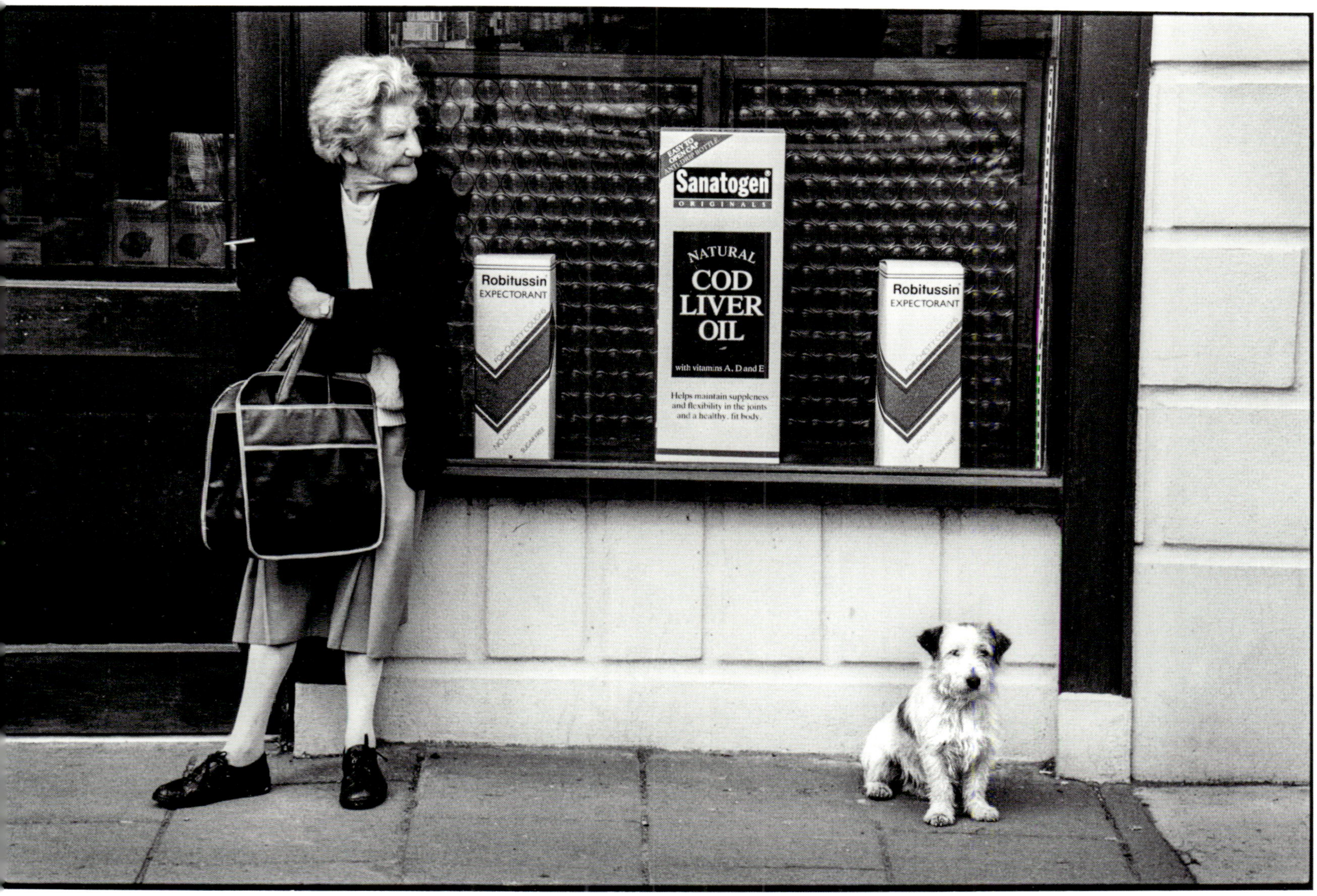

Elliott Erwitt. *Ireland*, 1991. Gelatin silver print (tirage argentique). 8 1/8 x 12 1/8 (20,6 x 30,8 cm)

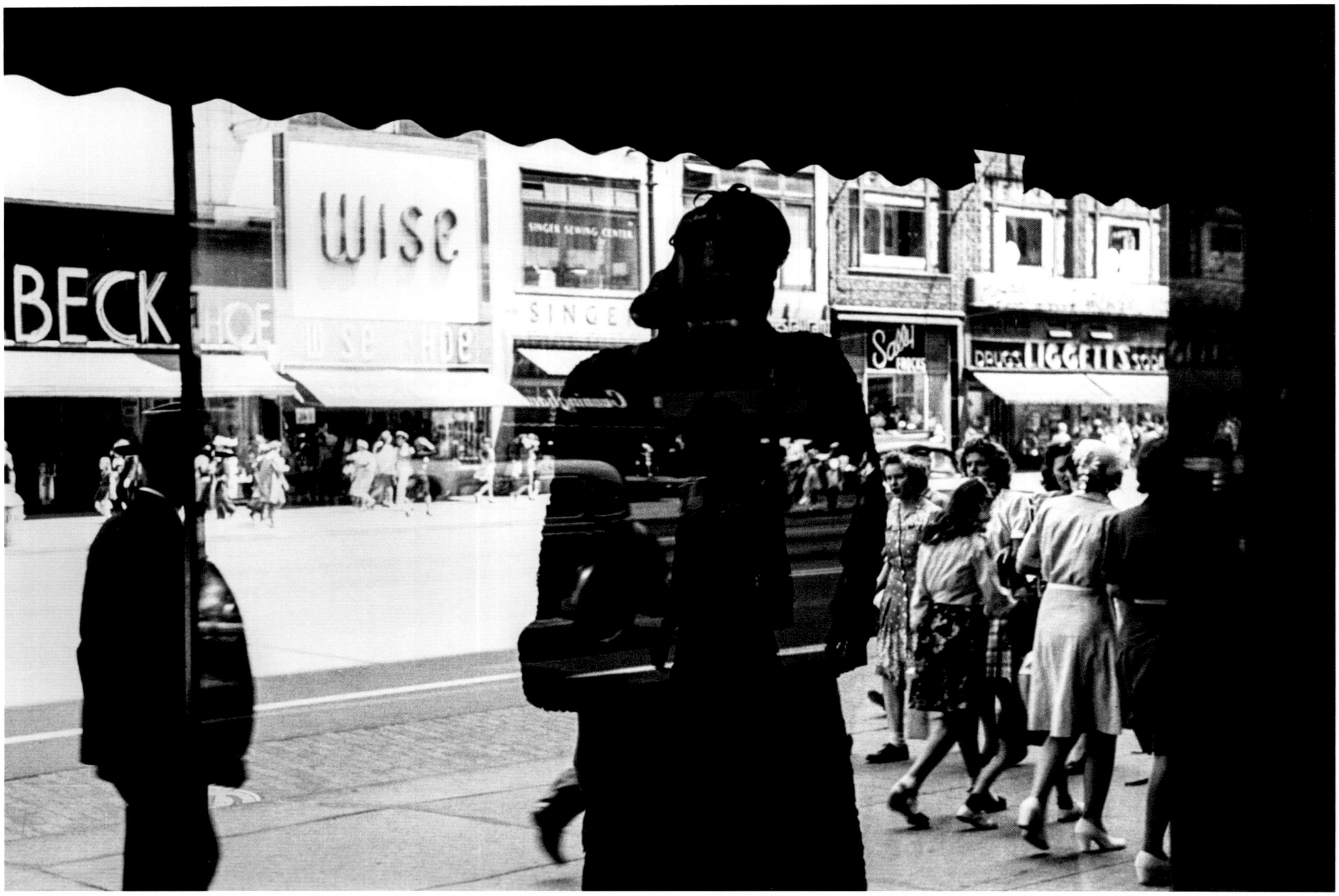

Harry Callahan. *Detroit*, c. 1942. Gelatin silver print (tirage argentique). 9⅛ x 13⅝ inches (23,2 x 34,6 cm)

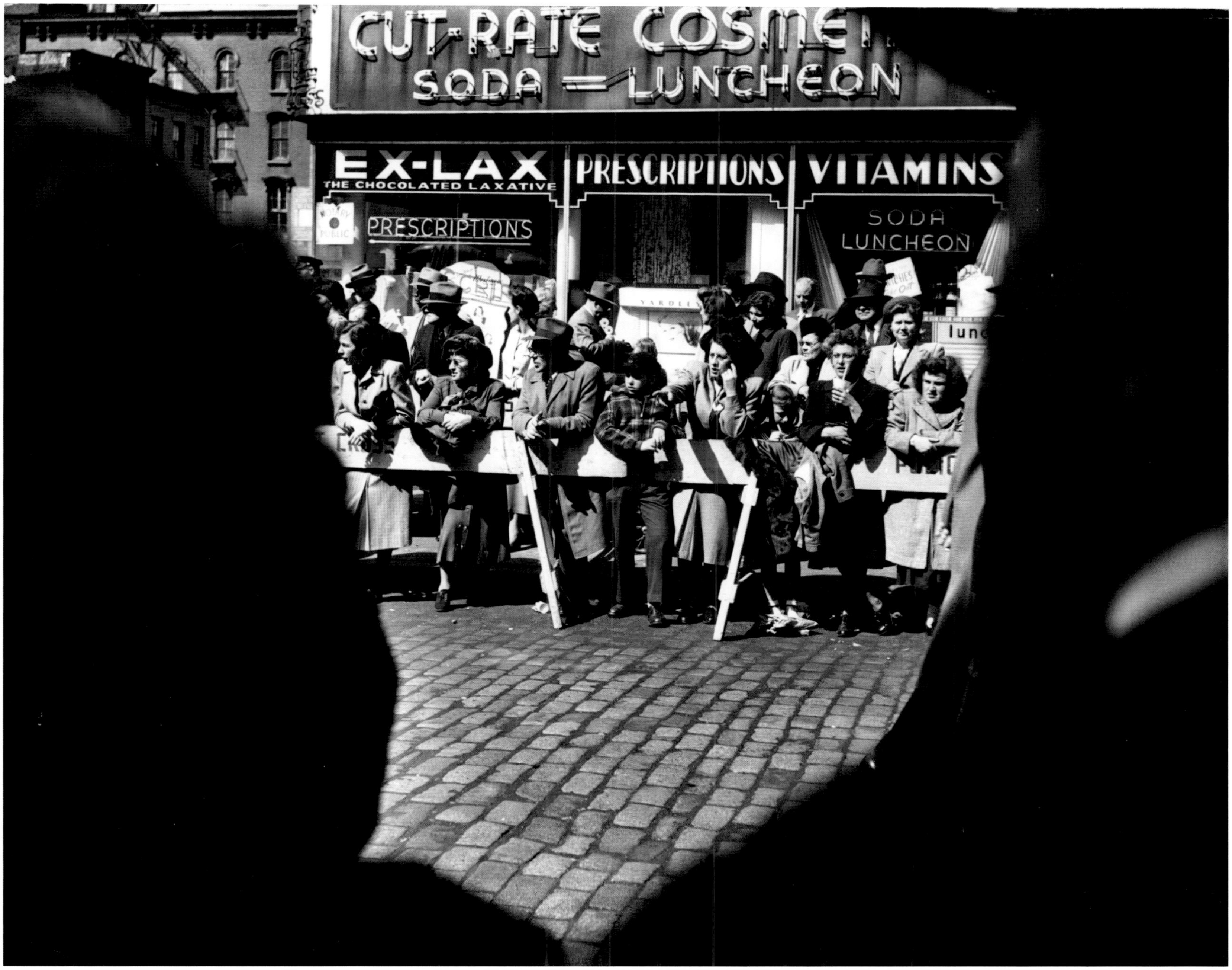

Ted Croner. *Untitled (Crowd Behind Barrier)*, c. 1947–52. Gelatin silver print (tirage argentique). 11 x 14 inches (27,9 x 35,6 cm)

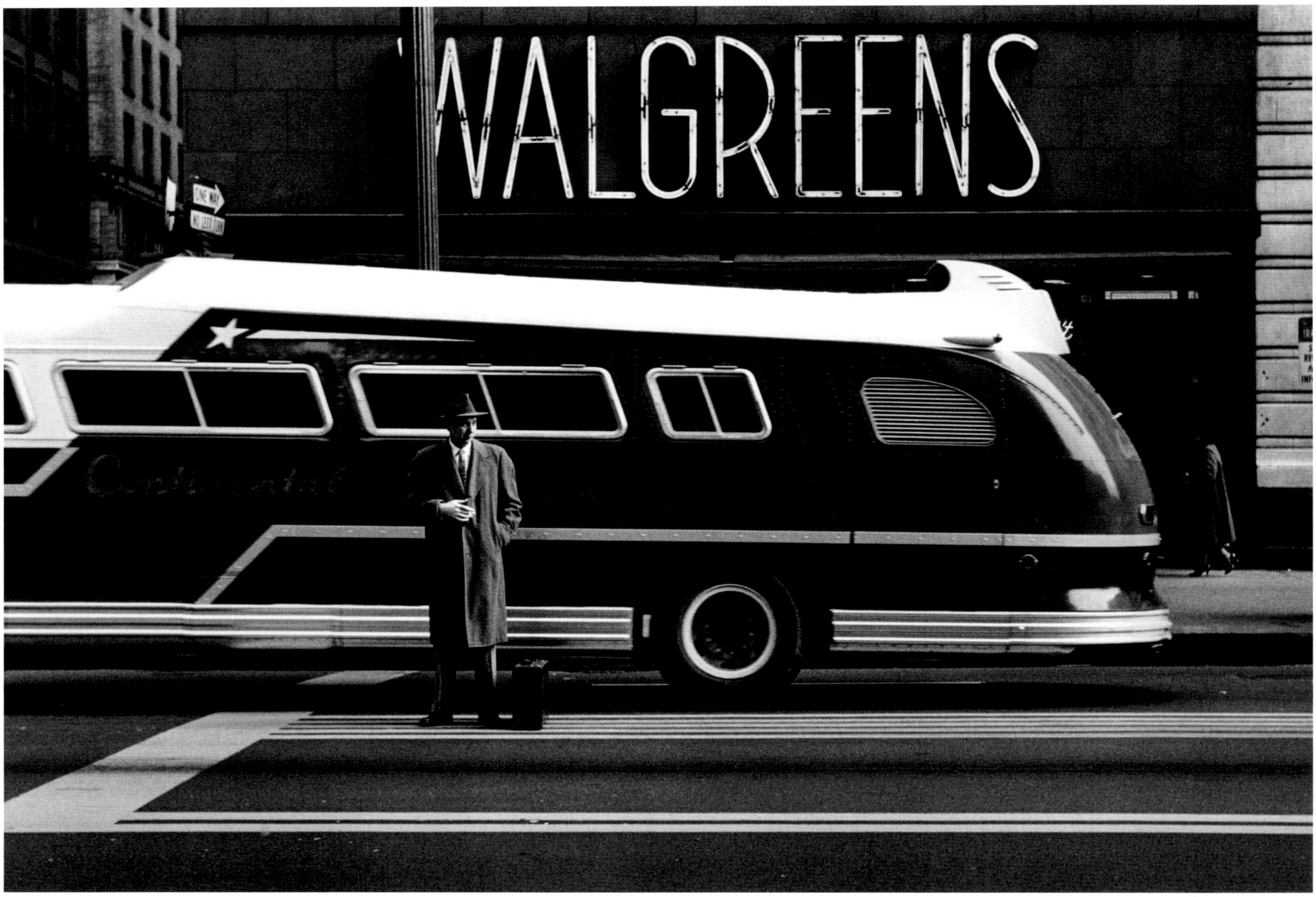
WALGREENS
ONE WAY
NO LEFT TURN

Ray K. Metzker. *Chicago Loop (57 JP–14)*, 1957. Gelatin silver print (tirage argentique). 6 x 8 ¾ inches (15,2 x 22,2 cm)

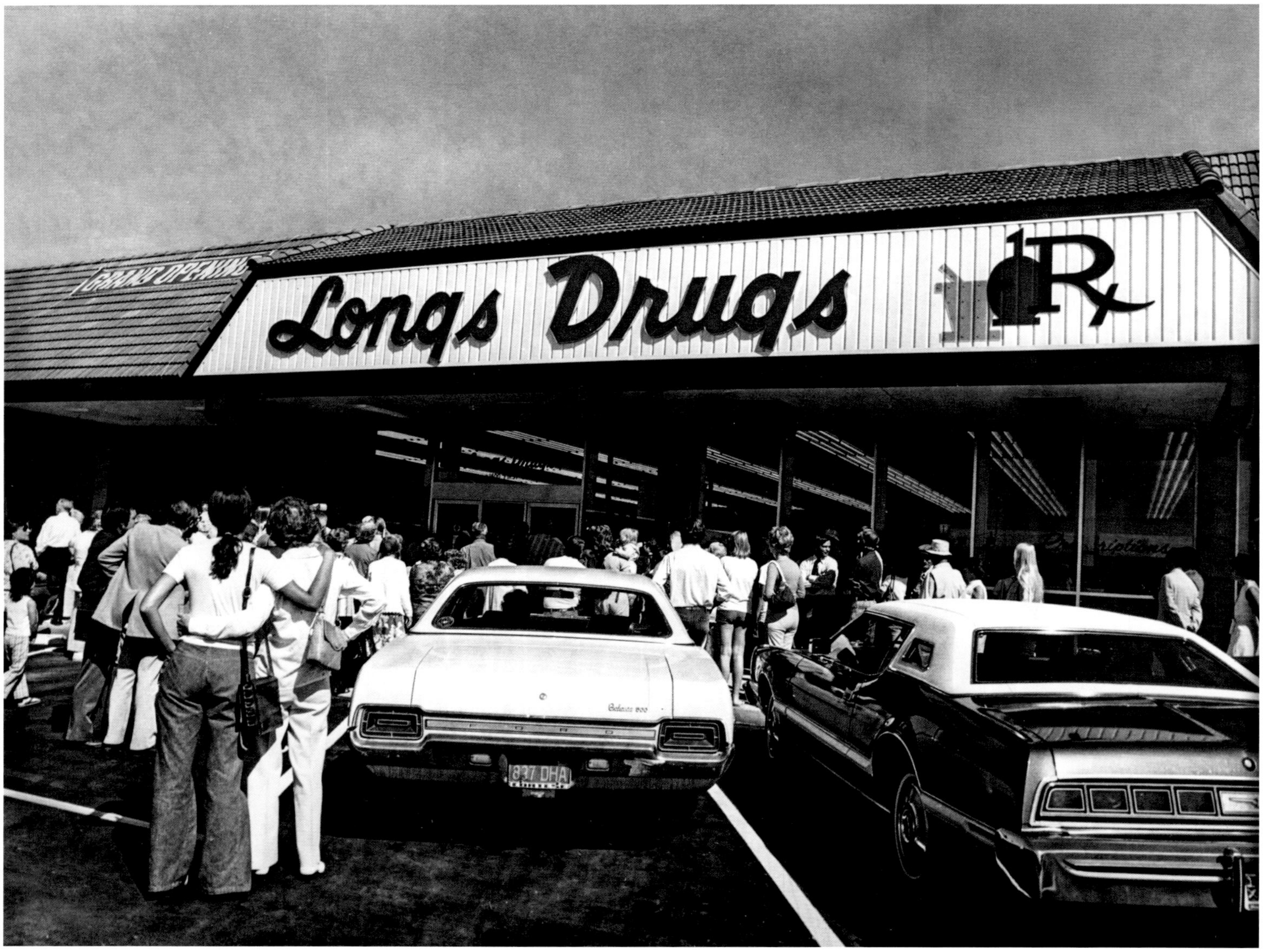

Bill Owens. *Grand Opening Longs Drugs, Tri-Valley Area, Northern California*, 1969–75. Gelatin silver print (tirage argentique). 8 x 10 inches (20,3 x 25,4 cm)

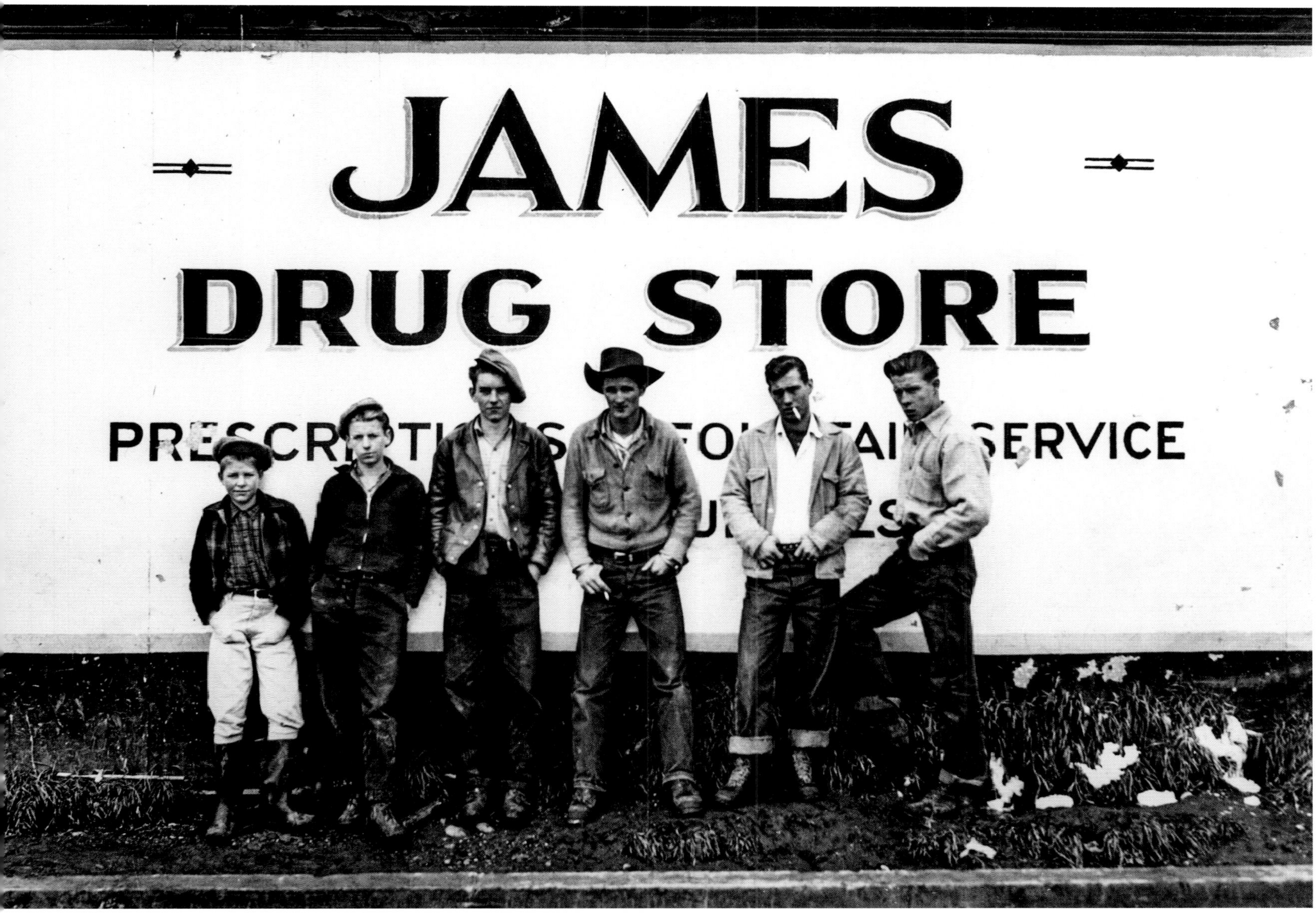

Gordon Parks. *Untitled, Turner Valley, Canada*, 1945. Gelatin silver print (tirage argentique). 9 x 13 ¼ inches (22,9 x 33,7 cm)

William Klein. *Venida and Drug Store, New York*, 1955. Gelatin silver print (tirage argentique). 9 ¼ x 13 ⅞ inches (23,5 x 35,2 cm)

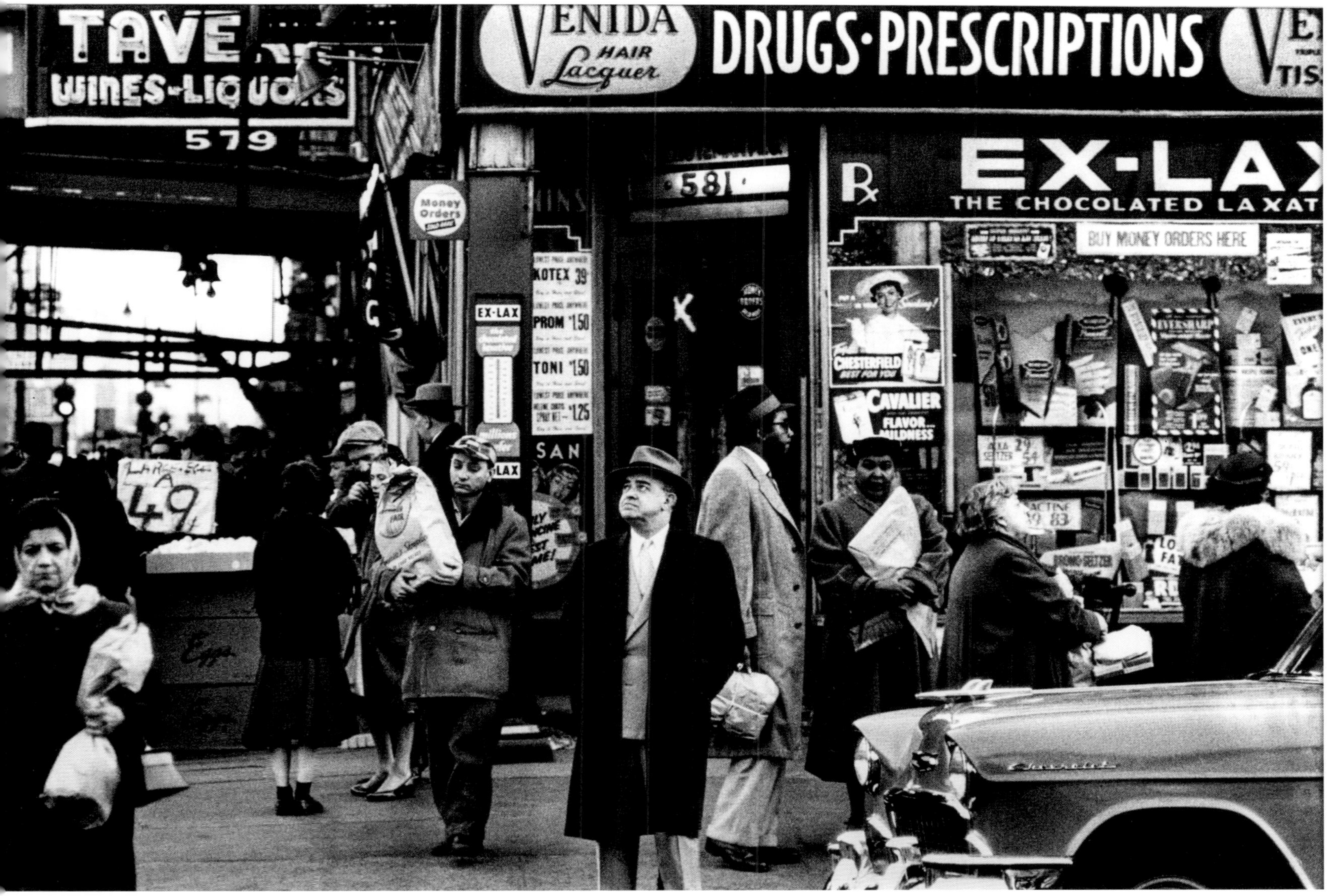

WINES-LIQUORS
579
VENIDA
HAIR
Lacquer
DRUGS·PRESCRIPTIONS
Money
Orders
581
EX-LAX
THE CHOCOLATED LAXAT
BUY MONEY ORDERS HERE
KOTEX 39
PROM $1.50
TONI $1.50
EX-LAX
CHESTERFIELD
CAVALIER
FLAVOR
49

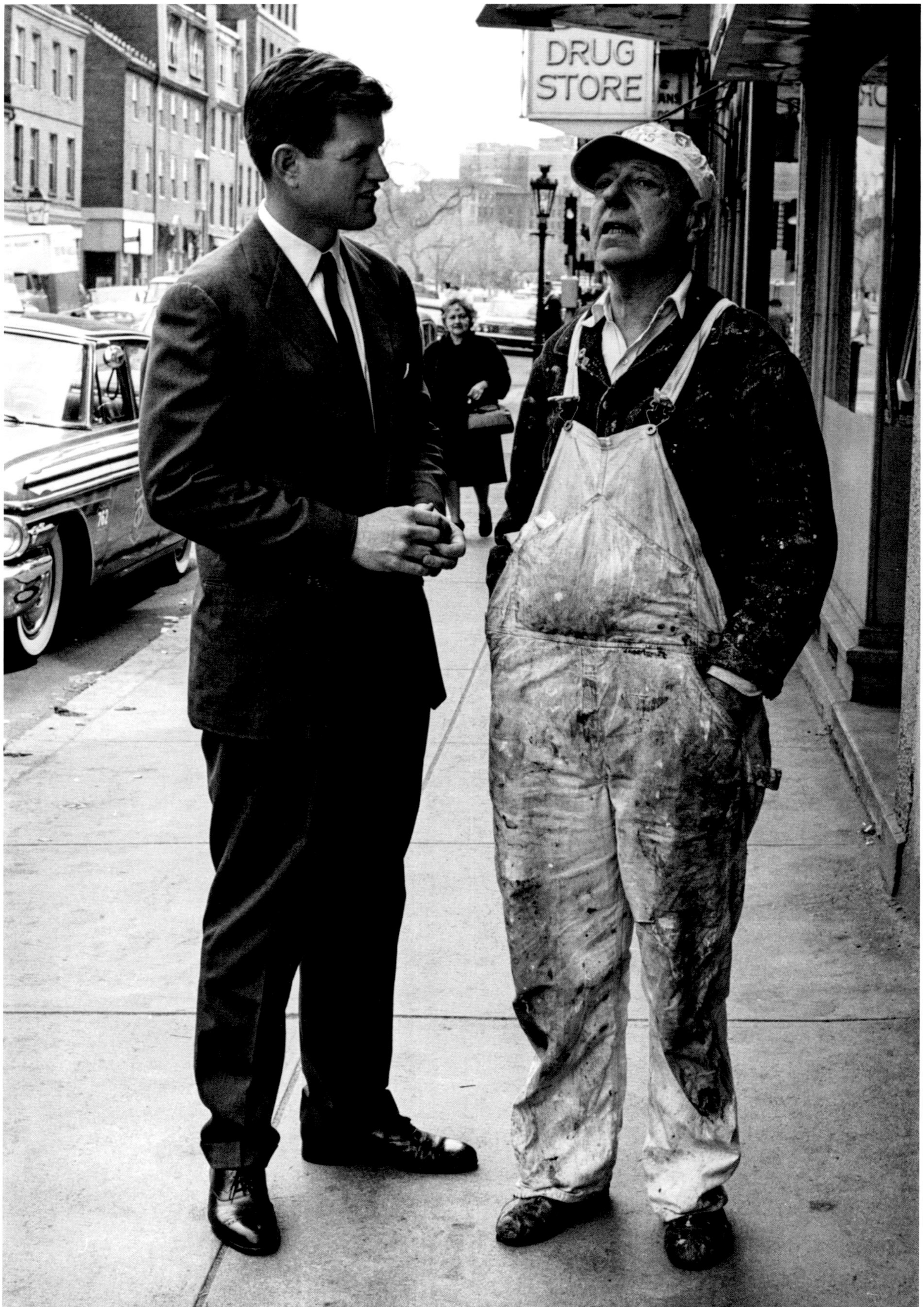
DRUG
STORE

Jacques Lowe. *Ted Kennedy with Painter*, c. 1960. Gelatin silver print (tirage argentique). 13 ⅛ x 9 ¼ inches (33,5 x 23,4 cm)

Todd Webb. *C Street, Virginia City, Nevada*, 1955. Gelatin silver print (tirage argentique). 11 ⅞ x 9 ¼ inches (30,3 x 23,4 cm)

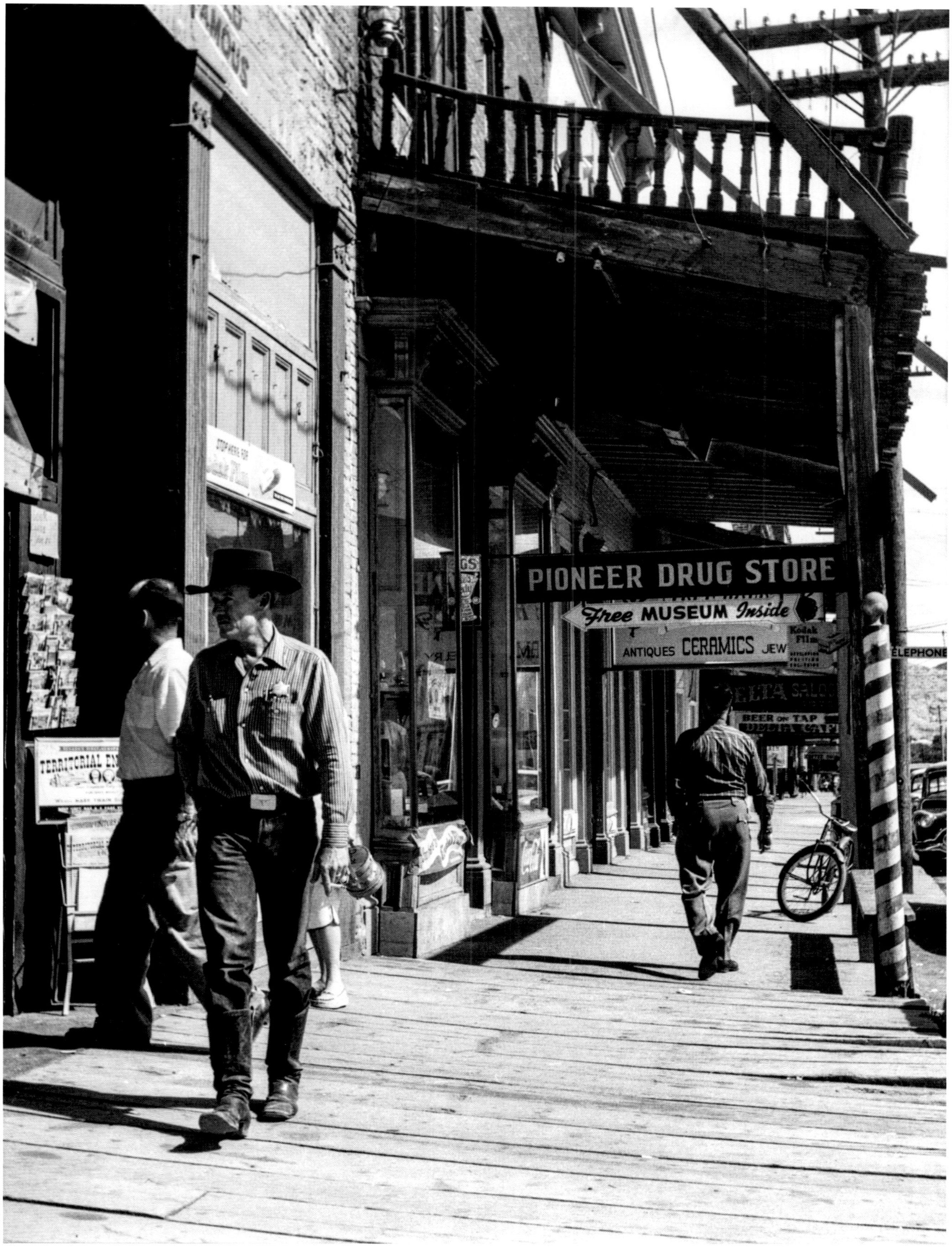
PIONEER DRUG STORE
Free MUSEUM Inside
ANTIQUES CERAMICS JEW
BEER ON TAP
TERRITORIAL EN
FAMOUS
TELEPHONE

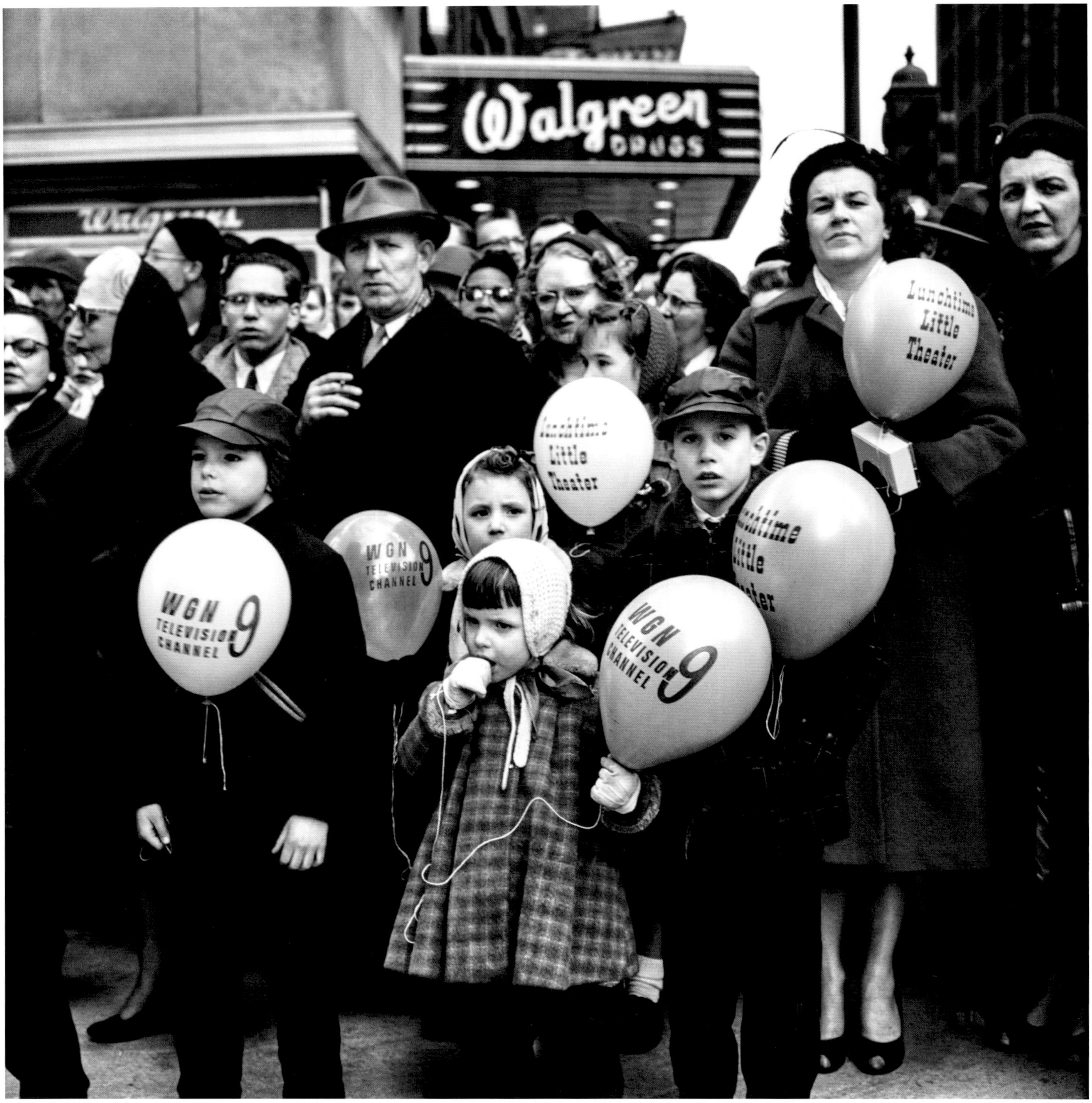
Walgreen
DRUGS
Walgreens
Lunchtime
Little
Theater
WGN
TELEVISION
CHANNEL
9

Vivian Maier. *Chicago, IL*, no date (non datée). Gelatin silver print (tirage argentique). 12 x 12 inches (30,5 x 30,5 cm)

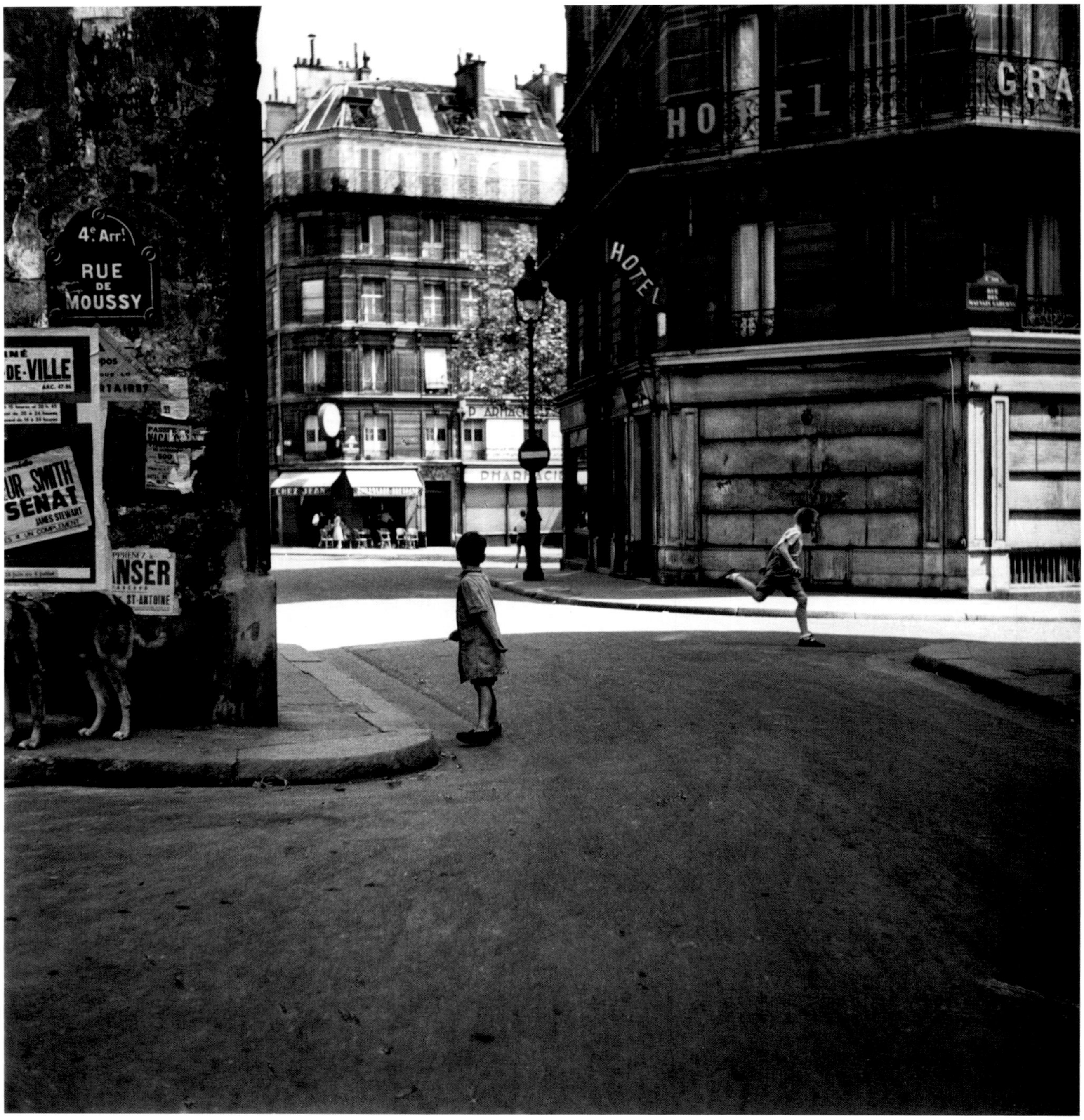

Louis Stettner. *La Rue aux enfants, Paris*, 1951. Gelatin silver print (tirage argentique). 10 x 9 ¾ inches (25,4 x 24,8 cm)

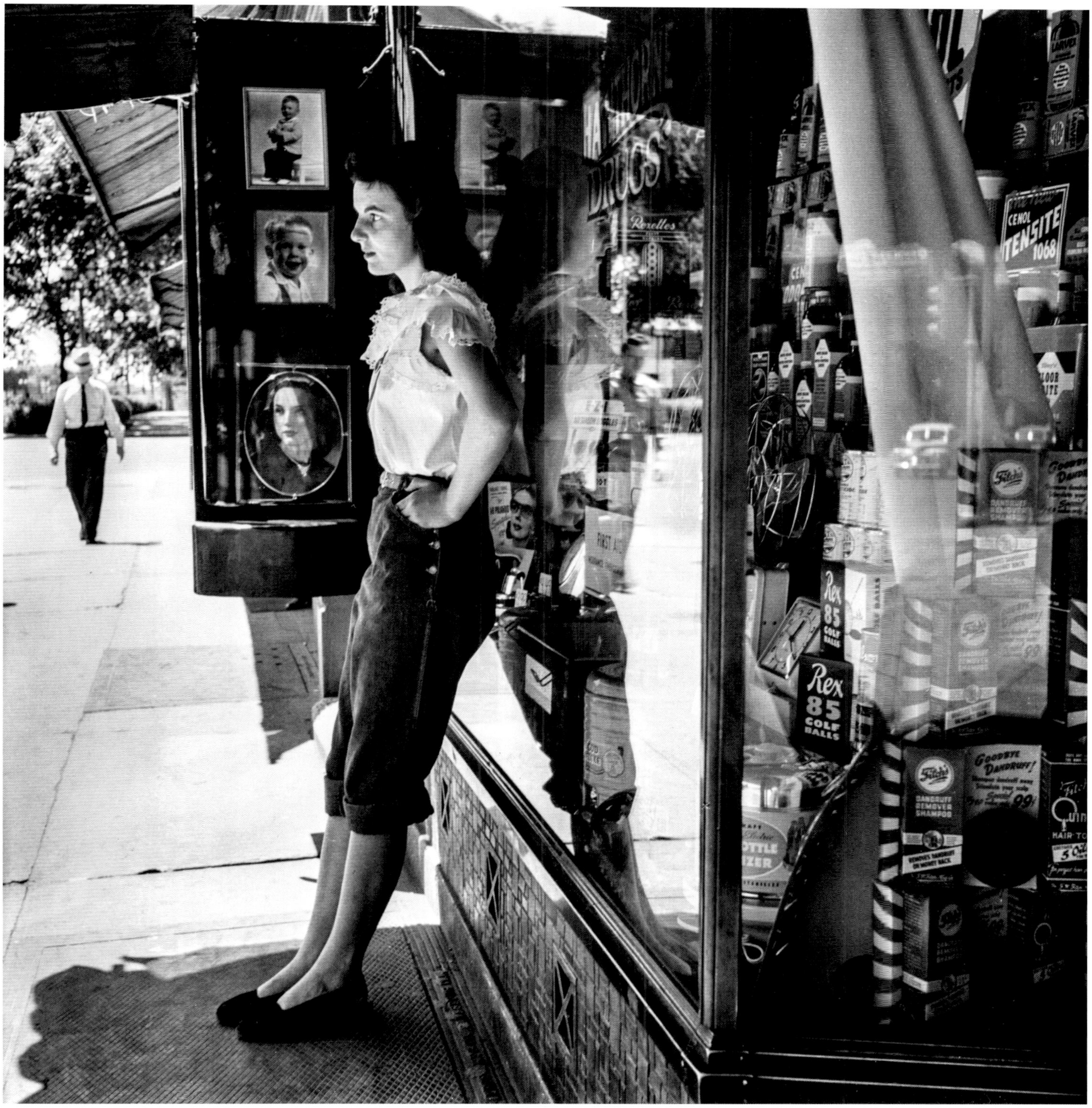

Gordon Parks. *Youth, Galesburg, Illinois*, 1948. Gelatin silver print (tirage argentique). 10 ½ x 10 ½ inches (26,7 x 26,7 cm)

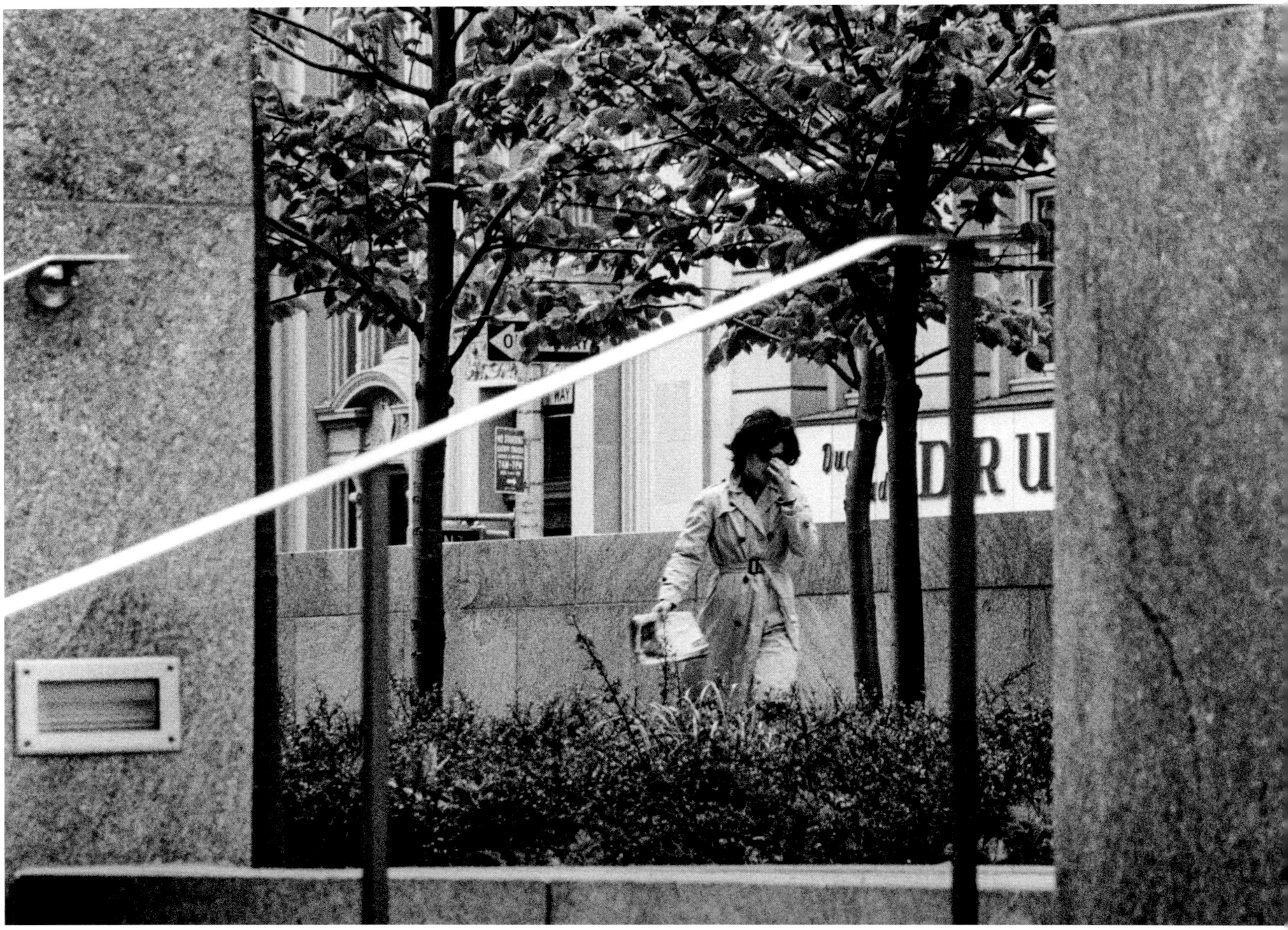
DRU

Cindy Sherman. *Untitled Film Still #83*, 1980. Gelatin silver print (tirage argentique). 30 x 40 inches (76,2 x 101,6 cm)

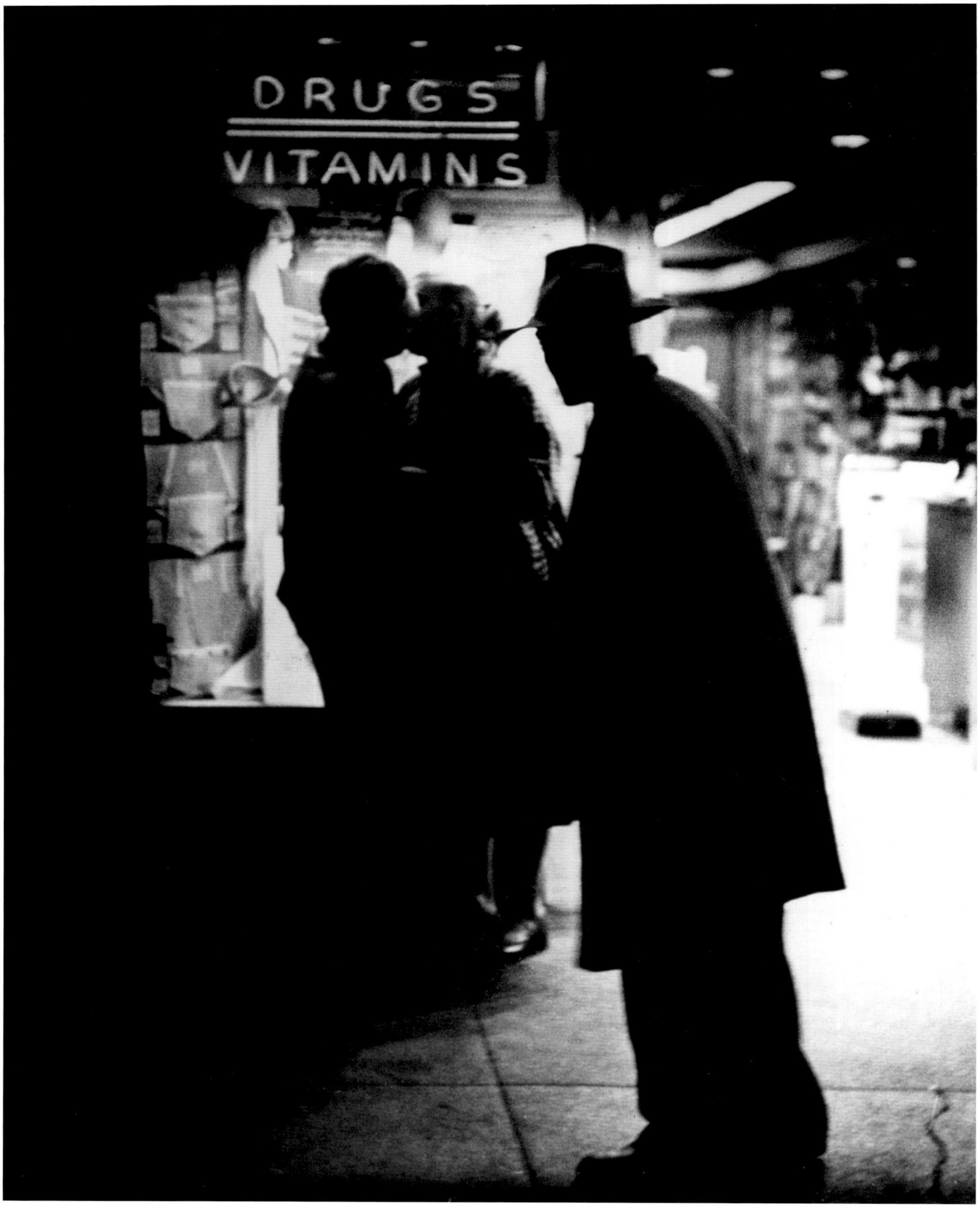

Weegee. *Act of Love*, c. 1950. Gelatin silver print (tirage argentique). 9 x 7 inches (22,9 x 17,8 cm)

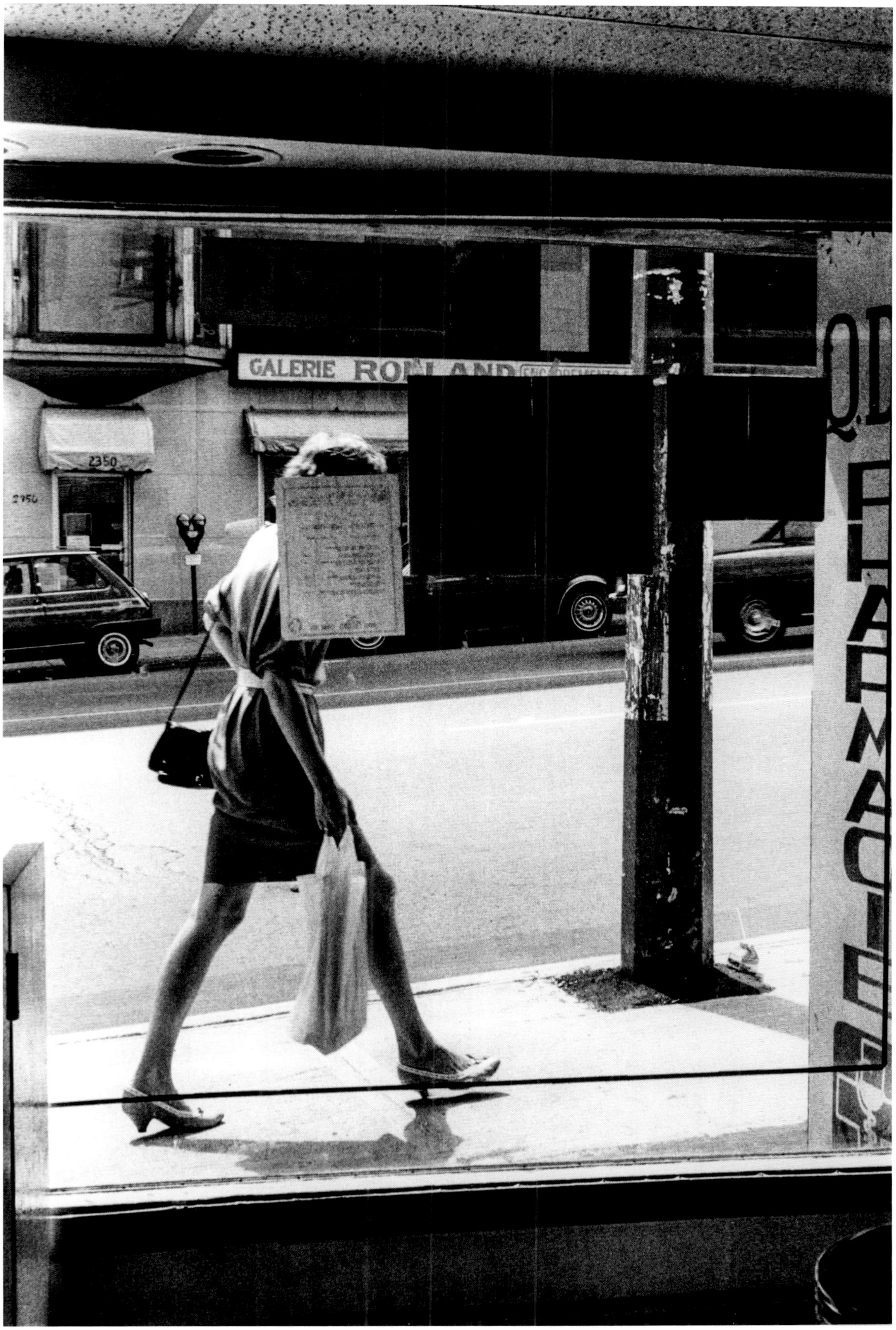

George Zimbel. *Pizza, Montreal*, 1985. Gelatin silver print (tirage argentique). 12 ½ x 8 ½ inches (31,6 x 21,6 cm)

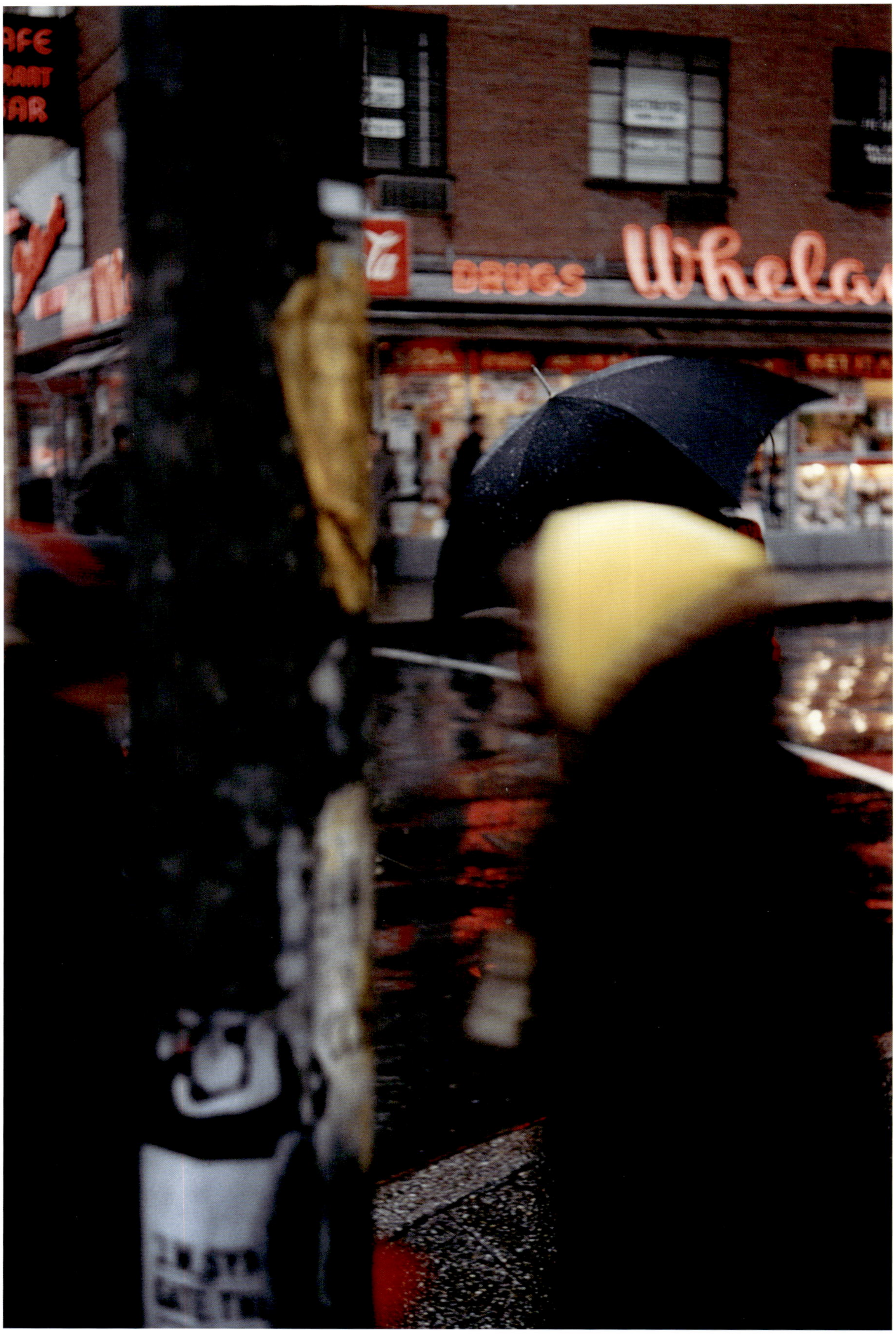
DRUGS
Whela

Saul Leiter. *Yellow Scarf*, 1956. Chromogenic color print (tirage chromogénique). 14 x 11 inches (35,6 x 27,9 cm)

Joel Sternfeld. *New York City (#2)*, 1976. Pigment print (tirage pigmentaire). 8 ½ x 12 ¾ inches (21,6 x 32,4 cm)

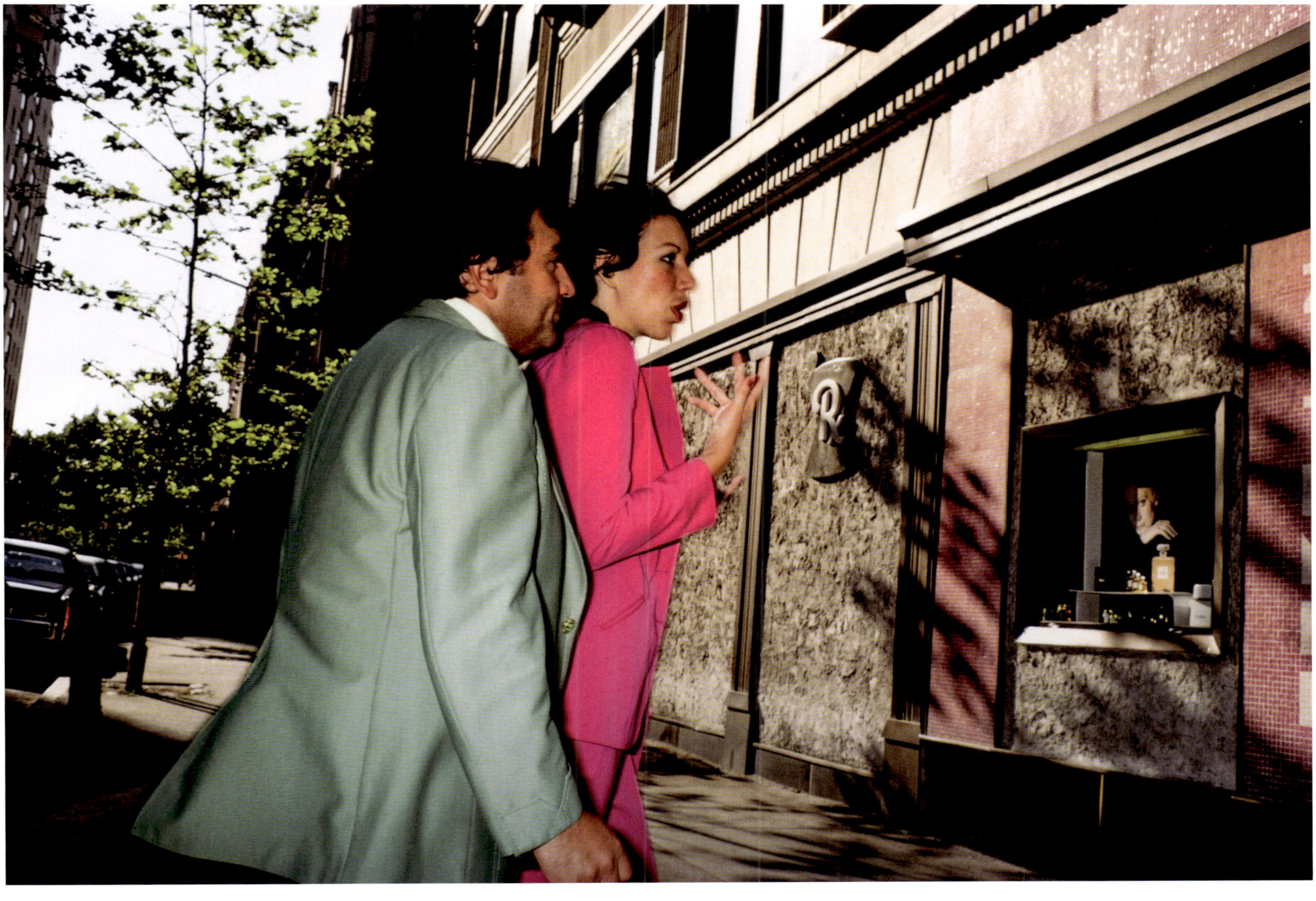

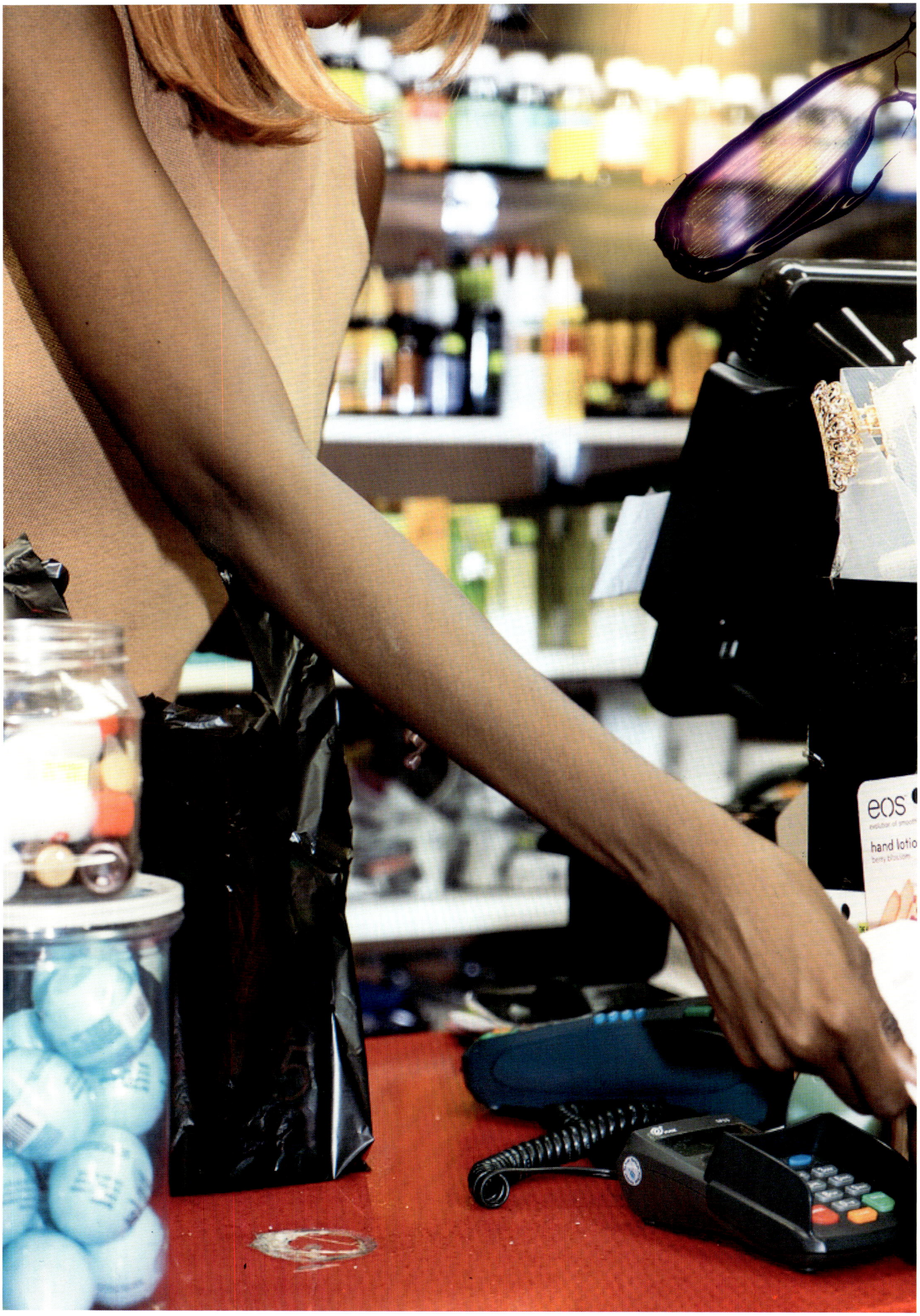
eos

Michele Abeles. *5701*, 2016. Pigment print (tirage pigmentaire). 42 x 29 ½ inches (106,7 x 74,9 cm)

Marvin Newman. *Whelan Drugs*, 1954. Pigment print (tirage pigmentaire). 21 ½ x 15 ½ inches (54,6 x 39,4 cm)

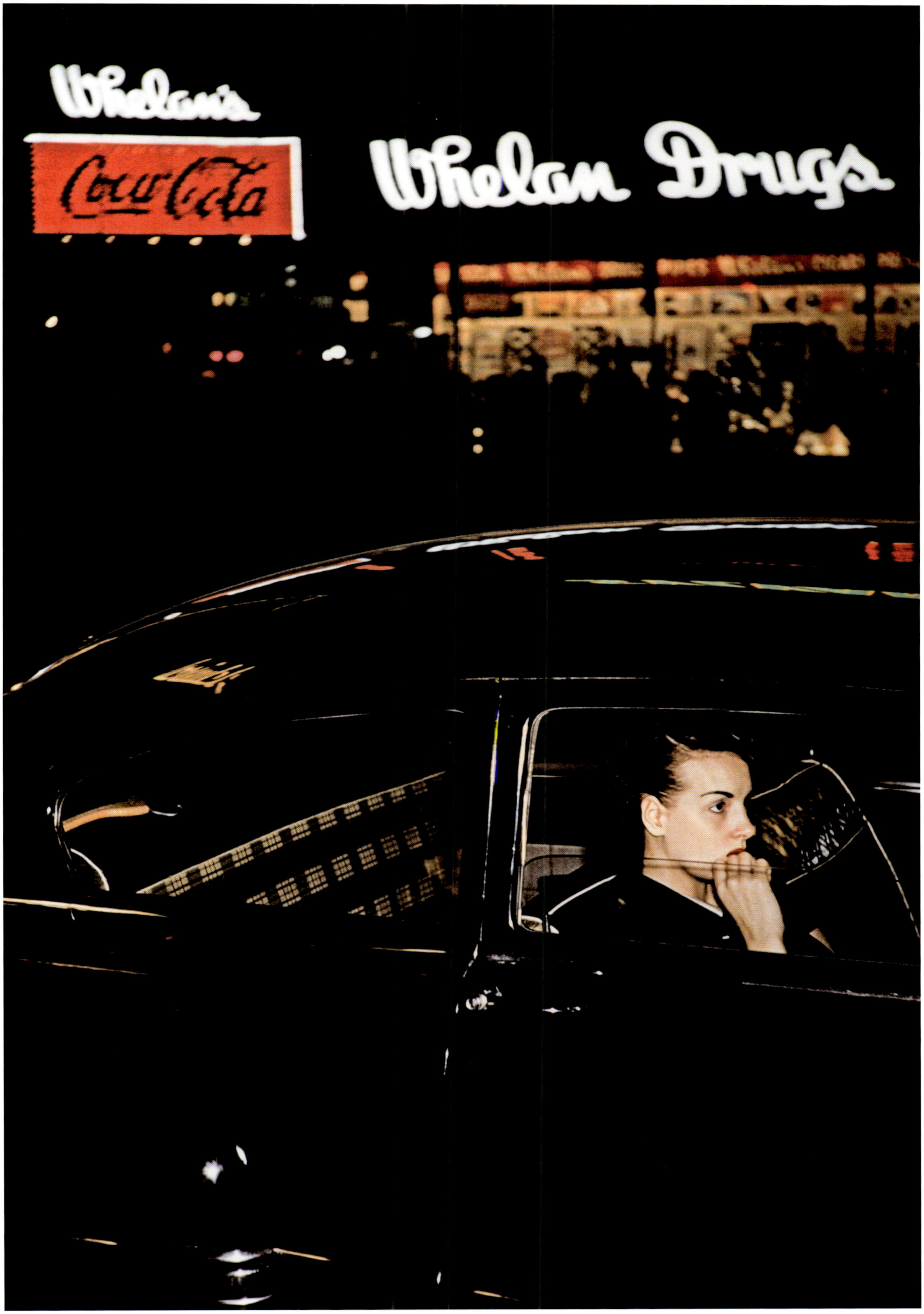
Whelan's
Coca-Cola
Whelan Drugs

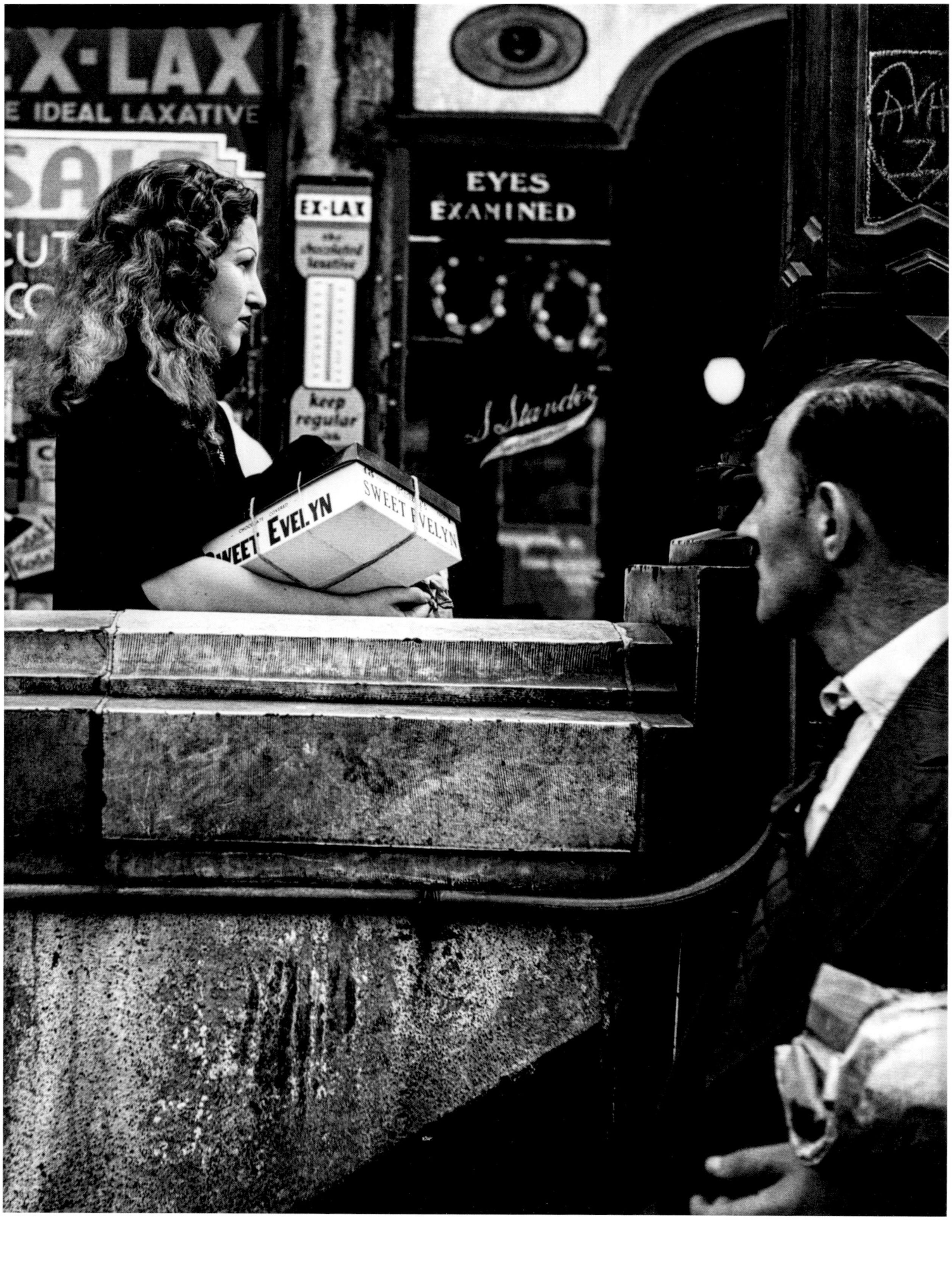

Morris Engel. *Sweet Evelyn, NY*, 1938. Gelatin silver print (tirage argentique). 9 ½ x 7 ½ inches (24,1 x 19,1 cm)

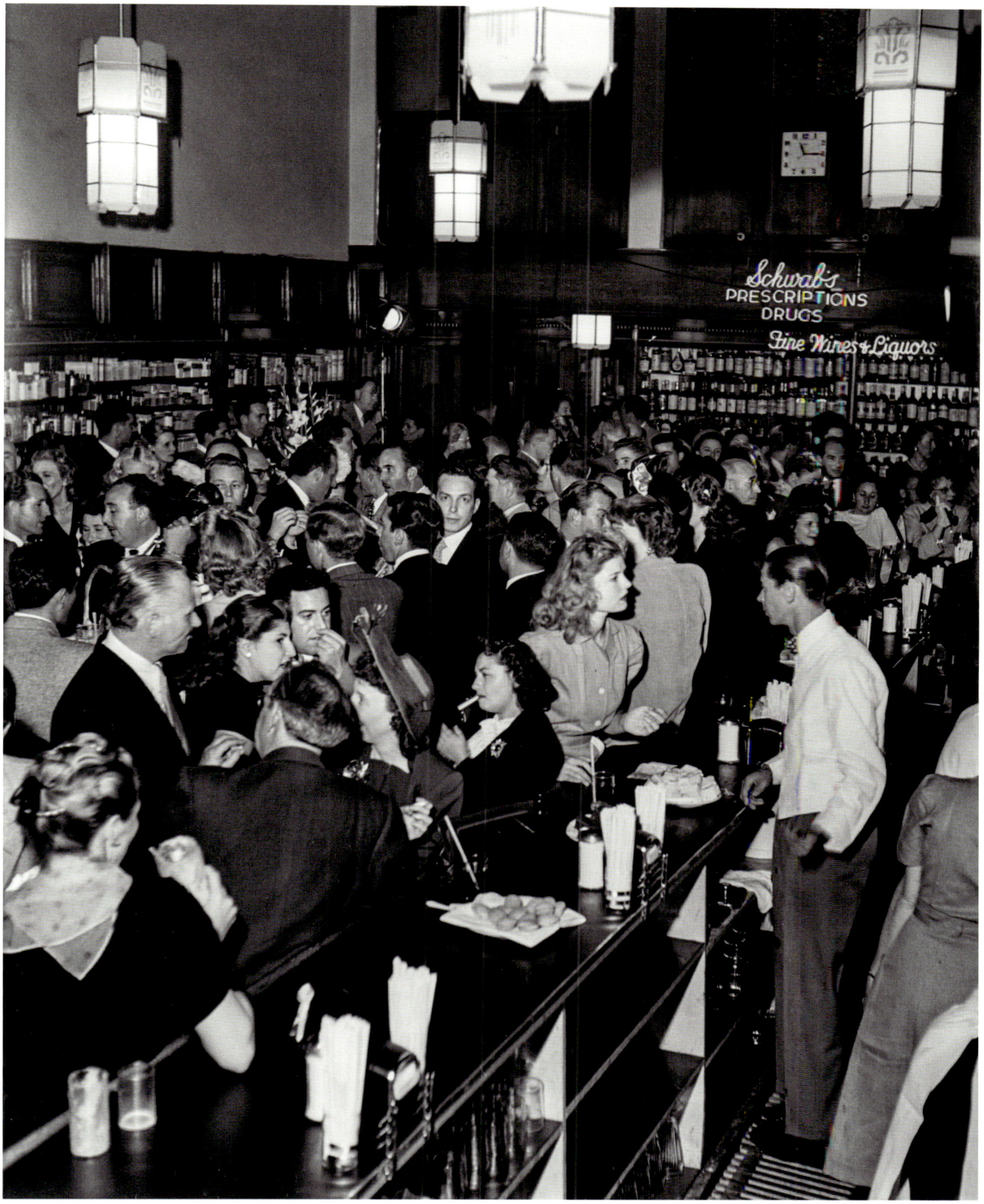

Peter Stackpole. *Sidney Skolsky Throwing a Party at Schwab's Drug Store*, 1946. Gelatin silver print (tirage argentique). 12 ½ x 10 ½ inches (31,8 x 26,7 cm)

Robert Frank. *Detroit (Drug Store)*, 1955. Gelatin silver print (tirage argentique). 13 x 8 ¾ inches (33 x 22,2 cm)

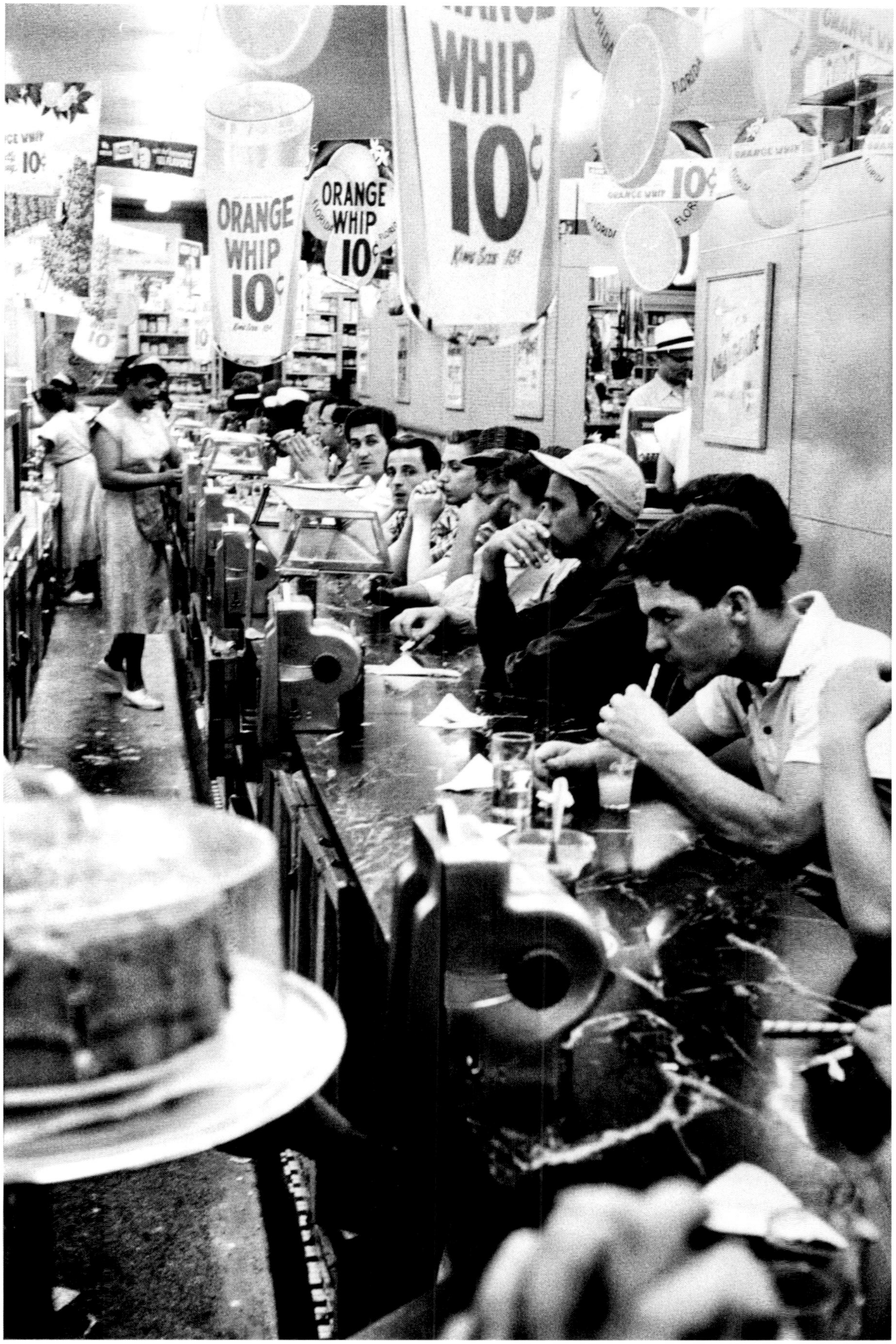
ORANGE
WHIP
10¢
ORANGE
WHIP
10¢
WHIP
10¢
ORANGE WHIP
10¢
FLORIDA

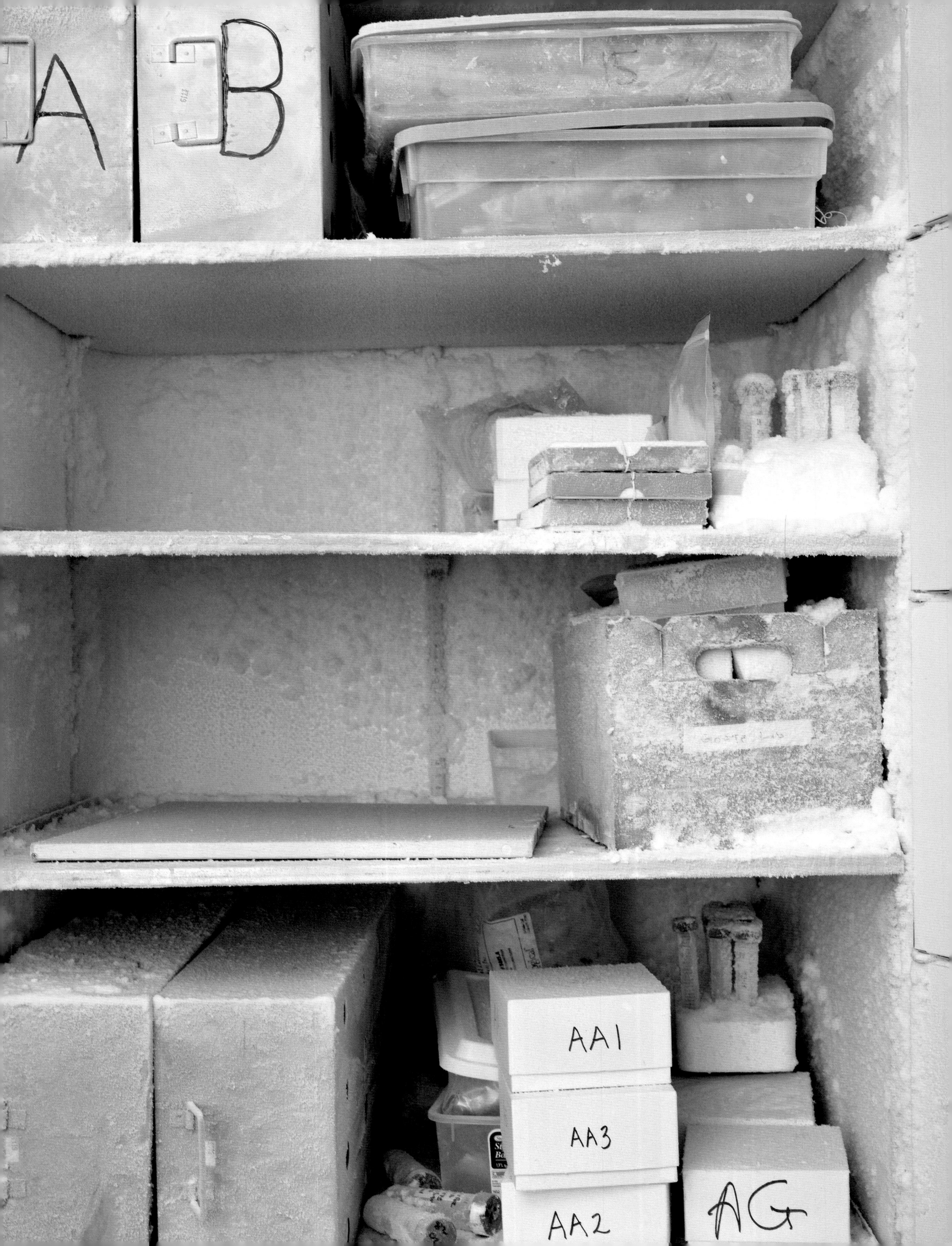
A
B
15
AA1
AA3
AA2
AG

CEPH 938 6/28/93
CEPH 937 6/28/93
CEPH 936 6/28/93
CEPH 935 6/28/93
CEPH 933 6/28/93
CEPH 932 6/28/93
CEPH 931 6/28/93
CEPH 925 6/28/93
CEPH 923 6/28/93
CEPH 921 6/28/93
CEPH 920 6/28/93
CEPH 915 6/28/93
CEPH 913 6/28/93
CEPH 900 6/28/93
CEPH 902 6/28/93
CEPH 904 6/28/93
CEPH 908 6/28/93
CEPH 896 6/28/93
CEPH 892 6/28/93
CEPH 888 6/28/93
CEPH 750 6/28/93
CEPH 949 6/28/93
CEPH 948 6/28/93
CEPH 946 6/28/93
CEPH 941 6/28/93
CEPH 803 6/28/93
CEPH 815 6/28/93
CEPH 813 6/28/93

List of Illustrations

All dimensions given indicate the image size of the artwork. Height preccedes width preccedes depth.

Paul Graham (English, born 1956)
Park Avenue, 26th May 2010, 1.19.02 pm, 2010
Two pigment prints mounted on aluminum
28 x 37 ½ inches (71.1 x 95.3 cm) each
Copyright © Paul Graham, courtesy Pace and Pace/MacGill Gallery, New York
(pages 104–5)

Marius Gravot (French, 1866–date unknown)
Pharmacie – 45 Rue Bonaparte (Paris), 1929
From Roger Poulain, *Boutiques 1925*, published by Vincent Freal et Cie, Paris, 1929
(page 24, fig. 12)

Fred Herzog (Canadian, born Germany, 1930)
White Lunch, Granville, 1959
Pigment print
38 x 28 inches (96.5 x 71.1 cm)
Copyright © Fred Herzog, courtesy Equinox Gallery and Laurence Miller Gallery
(page 99)

Edward Hillel (Canadian, born Iraq, 1952)
Panoramic Montreal #6, 2017
Pigment print
10 x 30 inches (25.4 x 76.2 cm)
Copyright © Edward Hillel and James St. Laurent
(page 106–7, top)

Edward Hillel (Canadian, born Iraq, 1952)
Panoramic Montreal #9, 2017
Pigment print
10 x 30 inches (25.4 x 76.2 cm)
Copyright © Edward Hillel and James St. Laurent
(page 106–7, bottom)

Edward Hillel (Canadian, born Iraq, 1952) and Isaac Diggs (American, born 1979)
Harlem #3, NE Corner 125th Street and Morningside Ave, 2009
Pigment print
40 x 50 inches (101.6 x 127 cm)
Copyright © Edward Hillel and Isaac Diggs
(page 100)

Damien Hirst (English, born 1965)
Pharmaceuticals, 2005
Pigment print
49 ⅞ x 40 ⅛ inches (126.7 x 101.8 cm)
Copyright © 2017 Damien Hirst and Science LTD. All rights reserved/DACS, London/ARS, New York
(page 31)

Attributed to Silas A. Holmes (American, 1820–1886)
Charles Pfizer and Drug Store at 81 Maiden Lane, New York, c. 1870
Albumen print
13 x 11 inches (33 x 27.9 cm)
(page 108)

Norio Imai (Japanese, born 1946)
MM, 1974
Instant photograph mounted on wood
32 ½ x 24 ⅝ inches (82.6 x 62.6 cm)
(page 13, fig. 7)

William Klein (American, born 1928)
Venida and Drug Store, New York, 1955, printed later
Gelatin silver print
9 ¼ x 13 ⅞ inches (23.5 x 35.2 cm)
Copyright © William Klein, courtesy Howard Greenberg Gallery, New York
(page 123)

Saul Leiter (American, 1923–2013)
Yellow Scarf, 1956, printed later
Chromogenic color print
14 x 11 inches (35.6 x 27.9 cm)
Copyright © Saul Leiter Estate, courtesy Margret Erb and Howard Greenberg Gallery, New York
(page 136)

Jacques Lowe (American, born Germany, 1930–2001)
Ted Kennedy with Painter, c. 1960
Gelatin silver print
13 ⅛ x 9 ¼ inches (33.5 x 23.4 cm)
Copyright © Jacques Lowe, courtesy Jacques Lowe Archive
(page 124)

Elmar Ludwig (German, born 1935)
The Indoor Heated Pool, Butlin's Mosney, c. 1960s–70s
Chromogenic color print
39 x 49 inches (99.1 x 124.5 cm)
(page 10, fig. 1)

Vivian Maier (American, 1926–2009)
Chicago, IL, no date, printed 2011
Gelatin silver print
12 x 12 inches (30.5 x 30.5 cm)
Copyright © Estate of Vivian Maier/Maloof Collection, courtesy Howard Greenberg Gallery, New York
(page 128)

Ray K. Metzker (American, 1931–2014)
Chicago Loop (57 JP–14), 1957, printed 1989
Gelatin silver print
6 x 8 ¾ inches (15.2 x 22.2 cm)
Copyright © Ray K. Metzker, courtesy Equinox Gallery, Vancouver, and Laurence Miller Gallery, New York
(page 118)

Joel Meyerowitz (American, born 1938)
Dusk, New Jersey, 1978
Pigment print
20 x 24 inches (50.8 x 61 cm)
Copyright © Joel Meyerowitz, courtesy the artist
(page 84)

Mieux Vivre 3 (March 1937), "La Peindre" (Painting)
Collection Sara Knelman
(page 19, figs. 10, 11)

Mieux Vivre 6 (June 1938), "La Ville" (The City)
Collection Sara Knelman
(page 18, figs. 8, 9)

Gary Munden (Canadian, born 1951)
Havana Pharma City, 2009
Pigment print
22 x 33 inches (55.9 x 83.8 cm)
Copyright © Gary Munden, courtesy the artist
(page 72)

Charles Nègre (French, 1820–1880)
Asile impérial de Vincennes, la pharmacie, late 1850s
Albumen print
Diameter: 6 ½ inches (16.5 cm)
(page 67)

Marvin Newman (American, born 1927)
Whelan Drugs, 1954, printed later
Pigment print
21 ½ x 15 ½ inches (54.6 x 39.4 cm)
Copyright © Marvin Newman, courtesy Howard Greenberg Gallery, New York
(page 143)

David Noble (English, dates unknown)
The Regency Ballroom, Butlin's Bognor Regis, c. late 1960s–early 1970s
Chromogenic color print
39 x 49 inches (99.1 x 124.5 cm)
(page 10, fig. 2)

Paul Outerbridge, Jr. (American, 1896–1958)
Chemistry, 1923
Platinum print
4 ½ x 3 ½ inches (11.4 x 8.9 cm)
Copyright © 2017 G. Ray Hawkins Gallery, Beverly Hills
(page 58)

Bill Owens (American, born 1938)
Grand Opening Longs Drugs, Tri-Valley Area, Northern California, 1969–75
Gelatin silver print
8 x 10 inches (20.3 x 25.4 cm)
Copyright © Bill Owens, courtesy Robert Koch Gallery, San Francisco
(page 120)

Gordon Parks (American, 1912–2006)
Untitled, Turner Valley, Canada, 1945, printed 1960s
Gelatin silver print
9 x 13 ¼ inches (22.9 x 33.7 cm)
Copyright © The Gordon Parks Foundation
(page 121)

Gordon Parks (American, 1912–2006)
Youth, Galesburg, Illinois, 1948
Gelatin silver print
10 ½ x 10 ½ inches (26.7 x 26.7 cm)
Copyright © The Gordon Parks Foundation
(page 131)

Irving Penn (American, 1917–2009)
18 Pieces with Medicine Bottle, New York, 1980
Platinum-palladium print mounted on aluminum
11 ¼ x 19 ⅜ inches (28.6 x 49.2 cm)
Copyright © The Irving Penn Foundation
(page 55)

Matthew Pillsbury (American, born France, 1973)
Year of the Dragon, New York City, 2012
Pigment print
50 x 60 inches (127 x 152.4 cm)
Copyright © Matthew Pillsbury, courtesy Benrubi Gallery, New York
(page 110)

Marina Pinsky (Russian, born 1986)
Pharmakon XVIII, 2014–15
Epoxy resin, fiberglass, ceramic, aluminum, and pigment print
39 ½ x 98 ½ x 2 inches (100.3 x 250.2 x 5.1 cm)
Copyright © Hugard & Vanoverschelde, courtesy of CLEARING New York, Brussels
(pages 32–33)

Robert Polidori (Canadian, born 1951)
Sarra Pharmacy, Teniente Rey 261, Habana Vieja, 1997
Pigment print mounted on aluminum
50 x 60 inches (127 x 152.4 cm)
Copyright © Robert Polidori, courtesy the artist
(page 75)

Walter Robinson (American, born 1950)
Bromo, 1984
Acrylic on canvas
56 x 36 inches (142.2 x 91.4 cm)
Copyright © Walter Robinson
(page 45)

Borna Sammak (American, born 1986)
Lumpiny C, 2012
Pigment print from cell phone photograph, in artist's frame
22 x 17 x 13 inches (55.9 x 43.1 x 33 cm)
Courtesy the artist and JTT, New York
(page 76)

August Sander (German, 1876–1964)
Hands of Laboratory Technician, 1932–33, printed c. 1953, from the series Studies–The Human Being
Gelatin silver print
8 ⅞ x 5 ½ inches (22.5 x 14 cm)
Copyright © 2017 Die Photographische Sammlung/SK – Stiftung Kultur – August Sander Archiv, Cologne/ARS, New York
(page 64)

August Sander (German, 1867–1963)
Laboratory Technician, 1938, from the series People of the Twentieth Century
Gelatin silver print
10 ⅛ x 7 ⅜ inches (25.8 x 18.7 cm)
Museum of Modern Art, New York. Acquired through the generosity of the family of August Sander 472.2015.173
Copyright © 2017 Die Photographische Sammlung/SK Stiftung Kultur - August Sander Archiv, Cologne/ARS, New York
(page 12, fig. 5)

August Sander (German, 1876–1964)
Pharmacist (Apotheker), c. 1930, printed 1990, from the series People of the Twentieth Century
Gelatin silver print
10 ⅛ x 6 ¼ inches (25.7 x 15.9 cm)
Copyright © 2017 Die Photographische Sammlung/SK – Stiftung Kultur – August Sander Archiv, Cologne/ARS, New York
(page 65)

Shintaro Sato (Japanese, born 1969)
Hiratsuka, Shinagawa Ward, Tokyo, 1997–99, from the series Night Lights
Pigment print
20 x 24 inches (50.8 x 61 cm)
Copyright © Shintaro Sato, courtesy PGI, Tokyo
(page 83)

Todd Selby (American, born 1977)
Jacques' Marilyn Monroe Pill Bottle, 2008
Pigment print
45 ½ x 32 ½ inches (115.6 x 82.6 cm)
Copyright © The Selby, courtesy the artist
(page 46)

Cindy Sherman (American, born 1954)
Untitled Film Still #83, 1980
Gelatin silver print
30 x 40 inches (76.2 x 101.6 cm)
Copyright © Cindy Sherman, courtesy Metro Pictures, New York
(page 132)

Stephen Shore (American, born 1947)
Holden St., North Adams, Massachusetts 13/7/1974, 2000
Chromogenic color print
20 x 24 inches (50.8 x 61 cm)
Copyright © Stephen Shore, courtesy the artist and Art + Commerce
(page 85)

Taryn Simon (American, born 1975)
"Blue and yellow pharmaceutical pills awaiting testing, Pakistan (prohibited)," detail of *Pharmaceuticals, Misc. (Counterfeit/Illegal/Prohibited)*, 2010, from the series Contraband
Archival inkjet print
6 ¼ x 6 ¼ inches (15.9 x 15.9 cm)
Copyright © Taryn Simon, courtesy Gagosian Gallery, New York
(page 38, left)

Taryn Simon (American, born 1975)
"Large package of pharmaceuticals, Poland (counterfeit, prohibited)," detail of *Pharmaceuticals, Misc. (Counterfeit/Illegal/Prohibited)*, 2010, from the series Contraband
Archival inkjet print
6 ¼ x 6 ¼ inches (15.9 x 15.9 cm)
Copyright © Taryn Simon, courtesy Gagosian Gallery, New York
(page 38, right)

Taryn Simon (American, born 1975)
"Lorazepam, Vicodin, India (illegal)" detail of *Pharmaceuticals, Misc. (Counterfeit/Illegal/Prohibited)*, 2010, from the series Contraband
Archival inkjet print
6 ¼ x 6 ¼ inches (15.9 x 15.9 cm)
Copyright © Taryn Simon, courtesy Gagosian Gallery, New York
(page 39, right)

Taryn Simon (American, born 1975)
Pharmaceuticals, Misc. (Counterfeit/Illegal/Prohibited), 2010, from the series Contraband
Thirty-seven archival inkjet prints in seven Plexiglas boxes
Top to bottom, rows 1–5: 9 ¼ x 44 ½ inches (23.5 x 113 cm); row 6: 9 ¼ x 30 inches (23.5 x 76.2 cm); row 7: 9 ¼ x 22 ¾ inches (23.5 x 57.8 cm)
Copyright © Taryn Simon, courtesy Gagosian Gallery, New York
(page 37)

Taryn Simon (American, born 1975)
"Pills, China (prohibited)," detail of *Pharmaceuticals, Misc. (Counterfeit/Illegal/Prohibited)*, 2010, from the series Contraband
Archival inkjet print
6 ¼ x 6 ¼ inches (15.9 x 15.9 cm)
Copyright © Taryn Simon, courtesy Gagosian Gallery, New York
(page 39, left)

Dayanita Singh (Indian, born 1961)
Homeopathy Shop, 2006
Gelatin silver print
9 ⅞ x 9 ⅞ inches (25 x 25 cm)
Copyright © Dayanita Singh, courtesy the artist and Frith Street Gallery, London
(page 87)

Peter Stackpole (American, 1913–1997)
Sidney Skolsky Throwing a Party at Schwab's Drug Store, 1946
Gelatin silver print
12 ½ x 10 ½ inches (31.8 x 26.7 cm)
Copyright © Peter Stackpole/The LIFE Picture Collection/Getty Images
(page 145)

Joel Sternfeld (American, born 1944)
New York City (#2), 1976, printed in 2011
Pigment print
8 ½ x 12 ¾ inches (21.6 x 32.4 cm)
Copyright © Joel Sternfeld, courtesy the artist and Luhring Augustine, New York
(page 139)

Louis Stettner (American, 1922–2016)
La Rue aux enfants, Paris, 1951
Gelatin silver print
10 x 9¾ inches (25.4 x 24.8 cm)
Copyright © Louis Stettner
(page 130)

Zoe Strauss (American, born 1970)
Leo's Mantle, 2001–8
Pigment print
20 x 30 inches (50.8 x 76.2 cm)
Copyright © Zoe Strauss, courtesy the artist
(page 51)

Kunié Sugiura (Japanese, born 1942)
Dr. James D. Watson A, 2003, printed 2013, from the series Artist and Scientists
Two gelatin silver prints
77 x 28½ inches (195.6 x 72.4 cm)
Copyright © Kunié Sugiura; courtesy Taka Ishii Gallery, New York/Tokyo
(page 61)

Robert A. Thom (American, 1915–1979)
Development of Chemotherapy, 1954
Chromolithograph
11¾ x 15¾ inches (29.8 x 40 cm)
(page 11, fig. 4)

Robert A. Thom (American, 1915–1979)
First Hospital Pharmacy in Colonial America, 1954
Chromolithograph
11¾ x 15¾ inches (29.8 x 40 cm)
(page 11, fig. 3)

Wolfgang Tillmans (German, born 1968)
17 Years' Supply, 2013
Pigment print mounted on aluminum, in artist's frame
34½ x 42⅜ x 1¼ inches (87.6 x 107.6 x 3.2 cm)
Copyright © Wolfgang Tillmans, courtesy David Zwirner, New York; Galerie Buchholz, Cologne/Berlin; and Maureen Paley, London
(page 34)

Fred Tomaselli (American, born 1956)
Portrait of Joe, 1995, from the series Chemical Celestial Prints
Gelatin silver print with graphite
16 x 20 inches (40.6 x 50.8 cm)
Copyright © Fred Tomaselli, courtesy the artist
(page 42)

Unknown
Florence Nightingale, c. 1858
Carte de visite
3½ x 2 inches (8.9 x 5.1 cm)
(page 68)

Unknown
Untitled (Woman with Bottles), c. 1900
Printing-out paper print
3¾ x 2¾ inches (9.4 x 6.9 cm)
(page 69)

Catherine Wagner (American, born 1953)
-86 Degree Freezers (12 Areas of Concern and Crisis), 1995, from the series Art & Science, Investigating Matter. Left to right, top to bottom: *DNA Clone Library*, *Colon Cancer*, *Human Genome Project*, *Bipolar Disorder*, *HIV*, *Breast Cancer*, *Thyroid Cancer*, *Alzheimer's*, *Mega-Yac Library*, *Alcoholism*, *Tissue*, *-70° Freezer*
Twelve gelatin silver prints
20 x 16 inches (50.8 x 40.6 cm) each
Copyright © Catherine Wagner, courtesy the artist
(page 56)

Todd Webb (American, 1905–2000)
C Street, Virginia City, Nevada, 1955, printed c. 1970
Gelatin silver print
11⅞ x 9¼ inches (30.3 x 23.4 cm)
Copyright © Todd Webb, courtesy Todd Webb Archive
(page 127)

Weegee (American, born Ukraine, 1899–1968)
Act of Love, c. 1950
Gelatin silver print
9 x 7 inches (22.9 x 17.8 cm)
Copyright © Weegee, courtesy International Center of Photography, New York
(page 134)

Brett Weston (American, 1911–1993)
Whelan's Drugstore, New York, 1944, printed 1960s
Gelatin silver print
10 x 8 inches (25.4 x 20.3 cm)
Copyright © Brett Weston, courtesy Bridgeman Images
(page 109)

O. H. Willard (American, dates unknown)
Hospital Steward, 1866
Hand-colored albumen print from wet collodion negative
8 x 6 inches (20.3 x 15.3 cm)
(page 71)

Paul Wolff (German, 1887–1964)
Drugs–Soda NY, 1928
Gelatin silver print
9¼ x 6¾ inches (23.5 x 17.3 cm)
(page 62)

George Zimbel (Canadian, born United States, 1929)
Marilyn and Billy Wilder, NYC, 1954
Gelatin silver print
16½ x 12 inches (41.9 x 30.5 cm)
Copyright © George S. Zimbel, courtesy the artist
(page 13, fig. 6)

George Zimbel (Canadian, born United States, 1929)
Pizza, Montreal, 1985
Gelatin silver print
12½ x 8½ inches (31.6 x 21.6 cm)
Copyright © George S. Zimbel, courtesy the artist
(page 135)

Liste des illustrations

Toutes les dimensions indiquent la taille de l'image de l'œuvre.
La hauteur précède la largeur qui précède la profondeur.

Lee Friedlander (né en 1934, États-Unis)
LA, 1970, 1970, imprimée en 2012
Tirage argentique
40,6 x 50,8 cm
Droit d'auteur © Lee Friedlander, avec la permission de la Fraenkel Gallery, San Francisco
(page 94)

Barry Frydlender (né en 1954, Israël)
57th Street and Sixth Avenue, 2008
Tirage chromogénique
66 x 274,5 cm
Droit d'auteur © Barry Frydlender, avec la permission de Meislin Projects, New York
(pages 102–3)

Paul Graham (né en 1956, Angleterre)
Park Avenue, 26th May 2010, 1.19.02 pm, 2010
Deux tirages pigmentaires montés sur aluminium
71,1 x 95,2 cm chacune
Droit d'auteur © Paul Graham, avec la permission de la Pace and Pace/MacGill Gallery, New York
(pages 104–5)

Marius Gravot (1866–date inconnue, France)
Pharmacie – 45 Rue Bonaparte (Paris), 1929
Tiré de *Boutiques 1929* par Roger Poulain, publié par Vincent Freal et Cie, Paris, 1929
(page 24, fig. 12)

Fred Herzog (né en 1930 en Allemagne, Canada)
White Lunch, Granville, 1959
Tirage pigmentaire
96,5 x 71,1 cm
Droit d'auteur © Fred Herzog, avec la permission de l'Equinox Gallery et de la Laurence Miller Gallery
(page 99)

Edward Hillel (né en 1952 en Irak, Canada)
Panoramic Montréal #6, 2017
Tirage pigmentaire
25,4 x 76,2 cm
Droit d'auteur © Edward Hillel et James St. Laurent
(pages 106–7, haut)

Edward Hillel (né en 1952 en Irak, Canada)
Panoramic Montréal #9, 2017
Tirage pigmentaire
25,4 x 76,2 cm
Droit d'auteur © Edward Hillel et James St. Laurent
(pages 106–7, bas)

Edward Hillel (né en 1952 en Irak, Canada) et Isaac Diggs (né en 1979, États-Unis)
Harlem #3, NE Corner 125th Street and Morningside Ave, 2009
Tirage pigmentaire
101,6 x 127 cm
Droit d'auteur © Edward Hillel et Isaac Diggs
(page 100)

Damien Hirst (né en 1965, Angleterre)
Pharmaceuticals, 2005
Tirage pigmentaire
126,7 x 101,8 cm
Droit d'auteur © Damien Hirst et Science Ltd., 2017. Tous droits réservés / DACS, Londres / ARS, New York
(page 31)

Attribué à Silas A. Holmes (1820–1886, États-Unis)
Charles Pfizer and Drug Store at 81 Maiden Lane, New York, vers 1870
Tirage à l'albumine
33 x 27,9 cm
(page 108)

Norio Imai (né en 1946, Japon)
MM, 1974
Tirage instantané monté sur bois
82,6 x 62,6 cm
(page 13, fig. 7)

William Klein (né en 1928, États-Unis)
Venida and Drug Store, New York, 1955, imprimée ultérieurement
Tirage argentique
23,5 x 35,2 cm
Droit d'auteur © William Klein, avec la permission de la Howard Greenberg Gallery, New York
(page 123)

Saul Leiter (1923–2013, États-Unis)
Yellow Scarf, 1956, imprimée ultérieurement
Tirage chromogénique
35,6 x 27,9 cm
Droit d'auteur © Succession Saul Leiter, avec la permission de Margret Erb et de la Howard Greenberg Gallery, New York
(page 136)

Jacques Lowe (né en Allemagne en 1930 et décédé en 2001, États-Unis)
Ted Kennedy with Painter, vers 1960
Tirage argentique
33,5 x 23,4 cm
Droit d'auteur © Jacques Lowe, avec la permission de la Jacques Lowe Archive
(page 124)

Elmar Ludwig (né en 1935, Allemagne)
The Indoor Heated Pool, Butlin's Mosney, datée entre la fin des années 60 et le début des années 70
Tirage chromogénique
99,1 x 124,5 cm
(page 10, fig. 1)

Vivian Maier (1926–2009, États-Unis)
Chicago, IL, non datée, imprimée en 2011
Tirage argentique
30,5 x 30,5 cm
Droit d'auteur © Succession Vivian Maier / Maloof Collection, avec la permission de la Howard Greenberg Gallery, New York
(page 128)

Ray K. Metzker (1931–2014, États-Unis)
Chicago Loop (57 JP-14), 1957, imprimée en 1989
Tirage argentique
15,2 x 22,2 cm
Droit d'auteur © Ray K. Metzker, avec la permission de l'Equinox Gallery, Vancouver, et de la Laurence Miller Gallery, New York
(page 118)

Joel Meyerowitz (né en 1938, États-Unis)
Dusk, New Jersey, 1978
Tirage pigmentaire
50,8 x 61 cm
Droit d'auteur © Joel Meyerowitz, avec la permission de l'auteur
(page 84)

Mieux Vivre 3 (mars 1937), « Peindre »
Collection Sara Knelman
(page 19, fig. 10 et 11)

Mieux Vivre 6 (juin 1938), « La Ville »
Collection Sara Knelman
(page 18, fig. 8 et 9)

Gary Munden (né en 1951, Canada)
Havana Pharma Girl, 2009
Tirage pigmentaire
55,9 x 83,8 cm
Droit d'auteur © Gary Munden, avec la permission de l'auteur
(page 72)

Charles Nègre (1820–1880, France)
Asile impérial de Vincennes, la pharmacie, fin des années 1850
Tirage à l'albumine
Diamètre : 16,5 cm
(page 67)

Marvin Newman (né en 1927, États-Unis)
Whelan Drugs, 1954, imprimée ultérieurement
Tirage pigmentaire
54,6 x 39,4 cm
Droit d'auteur © Marvin Newman, avec la permission de la Howard Greenberg Gallery, New York
(page 143)

David Noble (dates inconnues, Angleterre)
The Regency Ballroom, Butlin's Bognor Regis, datée entre la fin des années 60 et le début des années 70
Tirage chromogénique
99,1 x 124,5 cm
(page 10, fig. 2)

Paul Outerbridge, Jr. (1896–1958, États-Unis)
Chemistry, 1923
Tirage au platine
11,4 x 8,9 cm
Copyright © 2017 G. Ray Hawkins Gallery, Beverly Hills
(page 58)

Bill Owens (né en 1938, États-Unis)
Grand Opening Longs Drugs, Tri-Valley Area, Northern California, 1969–75
Tirage argentique
20,3 x 25,4 cm
Droit d'auteur © Bill Owens, avec la permission de la Robert Koch Gallery, San Francisco
(page 120)

Gordon Parks (1912–2006, États-Unis)
Untitled, Turner Valley, Canada, 1945, imprimée dans les années 1960
Tirage argentique
22,9 x 33,7 cm
Droit d'auteur © The Gordon Parks Foundation
(page 121)

Gordon Parks (1912–2006, États-Unis)
Youth, Galesburg, Illinois, 1948
Tirage argentique
26,7 x 26,7 cm
Droit d'auteur © The Gordon Parks Foundation
(page 131)

Irving Penn (1917–2009, États-Unis)
18 Pieces with Medicine Bottle, New York, 1980
Tirage au platine et au palladium montés sur aluminium
28,6 x 49,2 cm
Droit d'auteur © The Irving Penn Foundation
(page 55)

Matthew Pillsbury (né en 1973 en France, États-Unis)
Year of the Dragon, New York City, 2012
Tirage pigmentaire
127 x 152,4 cm
Droit d'auteur © Matthew Pillsbury, avec la permission de la Benrubi Gallery, New York
(page 110)

Marina Pinsky (née en 1986, Russie)
Pharmakon XVIII, 2014–15
Résine époxy, fibre de verre, céramique, aluminium et tirage pigmentaire
100,3 x 250,2 x 5,1 cm
Droit d'auteur © Hugard & Vanoverschelde; avec la permission de CLEARING New York, Brussels
(pages 32–33)

Robert Polidori (né en 1951, Canada)
Sarra Pharmacy, Teniente Rey 261, Habana Vieja, 1997
Tirage pigmentaire monté sur aluminium
127 x 152,4 cm
Droit d'auteur © Robert Polidori, avec la permission de l'auteur
(page 75)

Walter Robinson (né en 1950, États-Unis)
Bromo, 1984
Acrylique sur toile
142,2 x 91,4 cm
Droit d'auteur © Walter Robinson
(page 45)

Borna Sammak (né en 1986, États-Unis)
Lumpiny C, 2012
Tirage pigmentaire tiré d'une photo prise par téléphone mobile, cadre fourni par l'auteur
55,9 x 43,1 x 33 cm
Avec la permission de l'auteur et de JTT, New York
(page 76)

August Sander (1876–1964, Allemagne)
Hands of Laboratory Technician, 1932–33, imprimée vers 1953
Tirage argentique
22,5 x 14 cm
Droit d'auteur © Die Photographische Sammlung / SK – Stiftung Kultur – August Sander Archiv, Cologne / ARS, New York, 2017
(page 64)

August Sander (1876–1964, Allemagne)
Laboratory Technician, 1938
Tirage argentique
25,7 x 18,7 cm
Museum of Modern Art, New York. Acquise par le biais de la généreuse famille d'August Sander 472.2015.173
Droit d'auteur © Die Photographische Sammlung / SK – Stiftung Kultur – August Sander Archiv, Cologne / ARS, New York, 2017
(page 12, fig. 5)

August Sander (1876–1964, Allemagne)
Pharmacist (Apotheker), vers 1930, imprimée en 1990
Tirage argentique
25,7 x 15,9 cm
Droit d'auteur © Die Photographische Sammlung / SK – Stiftung Kultur – August Sander Archiv, Cologne / ARS, New York, 2017.
(page 65)

Shintaro Sato (né en 1969, Japon)
Hiratsuka, Shinagawa Ward, Tokyo, 1997–99, tirée de la série Night Lights
Tirage pigmentaire
50,8 x 61 cm
Droit d'auteur © Shintaro Sato, avec la permission de PGI, Tokyo
(page 83)

Todd Selby (né en 1977, États-Unis)
Jacques' Marilyn Monroe Pill Bottle, 2008
Tirage pigmentaire
115,6 x 82,6 cm
Droit d'auteur © The Selby, avec la permission de l'auteur
(page 46)

Cindy Sherman (née en 1954, États-Unis)
Untitled Film Still #83, 1980
Tirage argentique
76,2 x 101,6 cm
Droit d'auteur © Cindy Sherman, avec la permission de Metro Pictures, New York
(page 132)

Stephen Shore (né en 1947, États-Unis)
Holden St., North Adams, Massachusetts 13/7/1974, 2000
Tirage chromogénique
50,8 x 61 cm
Droit d'auteur © Stephen Shore, avec la permission de l'auteur et d'Art + Commerce
(page 86)

Taryn Simon (née en 1975, États-Unis)
« Blue and yellow pharmaceutical pills awaiting testing, Pakistan (prohibited) », détail de *Pharmaceuticals, Misc. (Counterfeit/Illegal/Prohibited)*, 2010, tirée de la série Contraband
Tirage pigmentaire
15,9 x 15,9 cm
Droit d'auteur © Taryn Simon, avec la permission de la Gagosian Gallery, New York
(page 38, gauche)

Taryn Simon (née en 1975, États-Unis)
« Large package of pharmaceuticals, Poland (counterfeit, prohibited) », détail de *Pharmaceuticals, Misc. (Counterfeit/Illegal/Prohibited)*, 2010, tirée de la série Contraband
Tirage pigmentaire
15,9 x 15,9 cm
Droit d'auteur © Taryn Simon, avec la permission de la Gagosian Gallery, New York
(page 38, droite)

Taryn Simon (née en 1975, États-Unis)
« Lorazepam, Vicodin, India (illegal) » détail de *Pharmaceuticals, Misc. (Counterfeit/Illegal/Prohibited)*, 2010, tirée de la série Contraband
Tirage pigmentaire
15,9 x 15,9 cm
Droit d'auteur © Taryn Simon, avec la permission de la Gagosian Gallery, New York
(page 39, droite)

Taryn Simon (née en 1975, États-Unis)
Pharmaceuticals, Misc. (Counterfeit/Illegal/Prohibited), 2010, tirée de la série Contraband
Trente-sept tirages pigmentaires dans sept boîtes en Plexiglas
De haut en bas, rangées 1 à 5 : 23,5 x 113 cm; rangée 6 : 23,5 x 76,2 cm; rangée 7 : 23,5 x 57,8 cm
Droit d'auteur © Taryn Simon, avec la permission de la Gagosian Gallery, New York
(page 37)

Taryn Simon (née en 1975, États-Unis)
« Pills, China (prohibited) », détail de *Pharmaceuticals, Misc. (Counterfeit/Illegal/Prohibited)*, 2010, tirée de la série Contraband
Tirage pigmentaire
15,9 x 15,9 cm
Droit d'auteur © Taryn Simon, avec la permission de la Gagosian Gallery, New York
(page 39, gauche)

Dayanita Singh (née en 1961, Inde)
Homeopathy Shop, 2006
Tirage argentique
25 x 25 cm
Droit d'auteur © Dayanita Singh, avec la permission de l'auteur et de la Frith Street Gallery, Londres
(page 87)

Peter Stackpole (1913–1997, États-Unis)
Sidney Skolsky Throwing a Party at Schwab's Drug Store, 1946
Tirage argentique
31,8 x 26,7 cm
Droit d'auteur © Peter Stackpole / The LIFE Picture Collection / Getty Images
(page 145)

Joel Sternfeld (né en 1944, États-Unis)
New York City (#2), 1976, imprimée en 2011
Tirage pigmentaire
21,6 x 32,4 cm
Droit d'auteur © Joel Sternfeld, avec la permission de l'auteur et de Luhring Augustine, New York
(page 139)

Louis Stettner (1922–2016, États-Unis)
La Rue aux enfants, Paris, 1951
Tirage argentique
25,4 x 24,8 cm
Droit d'auteur © Louis Stettner
(page 130)

Zoe Strauss (née en 1970, États-Unis)
Leo's Mantle, 2001–8
Tirage pigmentaire
50,8 x 76,2 cm
Droit d'auteur © Zoe Strauss Studio, avec la permission de l'auteur
(page 51)

Kunié Sugiura (née en 1942, Japon)
Dr. James D. Watson A, 2003, imprimée en 2013
Deux tirages argentiques
195,6 x 72,4 cm
Droit d'auteur © Kunié Sugiura, avec la permission de la Taka Ishii Gallery, New York/Tokyo
(page 61)

Robert A. Thom (1915–1979, États-Unis)
Development of Chemotherapy, 1954
Chromolithographie
29,8 x 40 cm
(page 11, fig. 3)

Robert A. Thom (1915–1979, États-Unis)
First Hospital Pharmacy in Colonial America, 1954
Chromolithographie
29,8 x 40 cm
(page 11, fig. 3)

Wolfgang Tillmans (né en 1968, Allemagne)
17 Years' Supply, 2013
Tirage pigmentaire monté sur aluminium, cadre fourni par l'auteur
87,6 x 107,6 x 3,2 cm
Droit d'auteur © Wolfgang Tillmans, avec la permission de David Zwirner, New York; de la Galerie Buchholz, Cologne/Berlin; et de Maureen Paley, Londres
(page 34)

Fred Tomaselli (né en 1956, États-Unis)
Portrait of Joe, 1995, tirée de la série Chemical Celestial Prints
Tirage argentique et graphite
40,6 x 50,8 cm
Droit d'auteur © Fred Tomaselli, avec la permission de l'auteur
(page 42)

Catherine Wagner (née en 1953, États-Unis)
-86 Degree Freezers (12 Areas of Concern and Crisis), 1995, tirée de la série Art & Science, Investigating Matter. Gauche à droite, de haut en bas : *DNA Clone Library*, *Colon Cancer*, *Human Genome Project*, *Bipolar Disorder*, *HIV*, *Breast Cancer*, *Thyroid Cancer*, *Alzheimer's*, *Mega-Yac Library*, *Alcoholism*, *Tissue*, *-70° Freezer*
Douze tirages argentiques
50,8 x 40,6 cm chacun
Droit d'auteur © Catherine Wagner, avec la permission de l'auteur
(page 56)

Todd Webb (1905–2000, États-Unis)
C Street, Virginia City, Nevada, 1955, imprimée vers 1970
Tirage argentique
30,3 x 23,4 cm
Droit d'auteur © Todd Webb, avec la permission de la Todd Webb Archive
(page 127)

Weegee (né en 1899 en Ukraine et décédé en 1968, États-Unis)
Act of Love, vers 1950
Tirage argentique
22,9 x 17,8 cm
Droit d'auteur © Weegee, avec la permission de l'International Center of Photography, New York
(page 134)

Brett Weston (1911–1993, États-Unis)
Whelan's Drugstore, New York, 1944, imprimée pendant les années 1960
Tirage argentique
25,4 x 20,3 cm
Droit d'auteur © Brett Weston, avec la permission de Bridgeman Images
(page 109)

O. H. Willard (dates inconnues, États-Unis)
Hospital Steward, 1866
Tirage à l'albumine coloré à la main sur négatif au collodion humide
20,3 x 15,2 cm
(page 71)

Paul Wolff (1887–1964, Allemagne)
Drugs–Soda NY, 1925
Tirage argentique
23,5 x 17,3 cm
(page 62)

George Zimbel (né en 1929 aux États-Unis, Canada)
Marilyn and Billy Wilder, NYC, 1954
Tirage argentique
41,9 x 30,5 cm
Droit d'auteur © George S. Zimbel, avec la permission de l'auteur
(page 13, fig. 6)

George Zimbel (né en 1929 aux États-Unis, Canada)
Pizza, Montréal, 1985
Tirage argentique
31,8 x 21,6 cm
Droit d'auteur © George S. Zimbel, avec la permission de l'auteur
(page 135)

ACKNOWLEDGEMENTS

Deborah Goodman Davis

Building a corporate collection of artwork over the course of fifteen years is a complex collaboration, and so I have many people to thank.

I would like to thank Sam Altman, President of Joddes Ltd., for his leadership, Lynda Gamaz for her ten-year stewardship of the inventory, and Carol-Ann Bray, who has assumed Lynda's duties. I am grateful to Muriel Ide, our Collections Manager, who takes care of the collection on site with great intelligence, creativity, and care. Tina Mignacca and Elisabeth Canelho are also to be thanked.

At Pharmascience, I would like to thank Steeve Azoulay, Director of Public Affairs and Communications, for his guidance with this book and for helping us to promote awareness of the collection among the staff. Hei Lai Chan and François Gilbert of the maintenance staff have been invaluable assisting in the installation and protection of the collection. Marc Vallières and the mailroom staff a have been extremely helpful in receiving and carefully storing the artwork.

Thank you to Gary Munden for photographing the collection, to Richard Contant for his expert framing, to Andrew Graham our skilled art installer, and to Nathalie Pharand of Skyway International, who handles all our shipping and customs brokerage.

A special thank you to Shawn Waldron, who creatively transformed my idea of a book into a reality and built a fantastic team. I am very grateful to David Campany for honoring our collection with his thoughtful and engaging essay. Thank you to our talented design and editorial team at Matsumoto Incorporated, Takaaki Matsumoto and Amy Wilkins. Thanks to Jessica Holmes for her assistance in editing and to Maya Bergeron-Métivier for her diligent proofreading of the French texts.

Thank you to all the brilliant artists and the wonderful and passionate art dealers who have worked with me over the years.

Finally, I want to thank the late Rosalind Goodman, along with Morris, David, Jonathan, and Shawna Goodman and Gerry Davis for supporting me unconditionally and for allowing me to pursue my vision.

REMERCIEMENTS

Deborah Goodman Davis

L'élaboration d'une collection d'art en entreprise sur 15 ans est une chose complexe qui requiert énormément de collaboration; j'aimerais par conséquent, remercier les nombreuses personnes qui y ont participé.

J'aimerais remercier Sam Altman, président de Joddes Limitée, pour son leadership, Lynda Gamaz pour la gestion de l'inventaire des œuvres durant les 10 dernières années et Carol-Ann Bray qui assume maintenant les fonctions de Lynda. Je tiens à souligner l'apport de Muriel Ide, notre gestionnaire de collections, qui s'occupe de la collection sur place avec beaucoup d'intelligence, de créativité et d'attention. Mes remerciements vont aussi à Tina Mignacca et à Elisabeth Canelho.

Chez Pharmascience, j'aimerais remercier Steeve Azoulay, directeur des affaires corporatives et communications, pour ses conseils concernant cet ouvrage et les efforts qu'il met à sensibiliser les employés par rapport à la collection. Hei Lai Chan et François Gilbert du département de gestion physique ont été d'une aide précieuse pour l'installation et la protection des œuvres. Marc Vallières et le personnel de la salle de courrier se sont avérés très utiles pour la réception et l'entreposage délicat des tableaux.

Merci à Gary Munden pour avoir photographié la collection, à Richard Contant pour ses encadrements professionnels, à Andrew Graham, notre spécialiste en installation d'œuvres d'art et à Nathalie Pharand de Skyway International, qui s'occupe de toutes les expéditions et du courtage en douanes.

Un merci tout particulier s'adresse à Shawn Waldron qui a transformé mon idée de livre en réalité et qui a réuni une équipe formidable. Je suis très reconnaissante envers David Campany pour avoir mis notre collection au cœur de son essai attentionné et fascinant. Merci à notre talentueuse équipe éditoriale et de design Takaaki Matsumoto et Amy Wilkins de Matsumoto Incorporated. Merci à Jessica Holmes pour son aide rédactionnelle et á Maya Bergeron-Métivier pour la correction d'épreuve méticuleuse de la version française.

Merci à tous les artistes exceptionnels et aux marchands d'art merveilleux qui ont collaboré avec moi au fil des ans. Enfin, j'aimerais remercier la regrettée Rosalind Goodman, ainsi que Morris, David, Jonathan et Shawna Goodman, et Gerry Davis pour leur appui inconditionnel et pour m'avoir permis de poursuivre ma vision.

PhotoRx: Pharmacy in Photography since 1850
by Deborah Goodman Davis

Published by Damiani
www.damianieditore.com
info@damianieditore.com

Creative Direction and Design: Takaaki Matsumoto, Matsumoto Incorporated, New York
Editor and Production Manager: Amy Wilkins, Matsumoto Incorporated, New York
Managing Editor: Shawn Waldron, New York
French Translations: Muriel Ide
Color separations, printing, and binding by Grafiche Damiani - Faenza Group SpA, Italy

Cover: Paul Outerbridge (American, 1896–1958). *Chemistry*, 1923. Platinum print. 4 ½ x 3 ½ inches (11.4 x 8.9 cm). Copyright © 2017 G. Ray Hawkins Gallery, Beverly Hills
Front endpapers, pp. 6, 7, 28, 29, 150, 151, back endpapers: Catherine Wagner (American, born 1953). *-86 Degree Freezers (12 Areas of Concern and Crisis),* 1995, from the series Art & Science, Investigating Matter. Twelve gelatin silver prints. 16 x 20 inches (40.6 x 50.8 cm) each. *DNA Clone Library* (front endpaper, left recto, detail), *Colon Cancer* (front endpaper, right recto, detail), *Human Genome Project* (front endpaper, verso, detail), *Bipolar Disorder* (p. 6, detail), *HIV* (p. 7, detail), *Breast Cancer* (p. 28, detail), *Thyroid Cancer* (p. 29, detail), *Alzheimer's* (p. 150, detail), *Mega-Yac Library* (p. 151, detail), *Alcoholism* (back endpaper, recto, detail), *Tissue* (back endpaper, left verso, detail), *-70° Freezer* (back endpaper, right verso, detail). Copyright © Catherine Wagner, courtesy the artist

Photograph Credits
Gary Munden: pp. 31, 34, 41, 45, 46, 51, 52–53, 54, 58, 59, 64, 65, 67, 68, 69, 71, 72, 75, 80, 83, 84, 85, 87, 88, 90, 91, 92, 94, 95, 96, 97, 99, 102–3, 104–5, 108, 109, 110, 113, 114, 115, 117, 118, 120, 121, 123, 124, 127, 128, 131, 132, 133, 134, 136, 137, 141, 145, 146, 147, 149

Library of Congress Control Number: 2017907821
ISBN: 978-88-6208-554-0

PhotoRx: La pharmacie à travers la photographie depuis 1850
par Deborah Goodman Davis

Publié par Damiani
www.damianieditore.com
info@damianieditore.com

Conception et direction graphique: Takaaki Matsumoto, Matsumoto Incorporated, New York
Directrice éditoriale et de la production: Amy Wilkins, Matsumoto Incorporated, New York
Rédacteur en chef: Shawn Waldron, New York
Traduction française: Muriel Ide
Séparations de couleur, reliure et achevé d'imprimer sur les presses de Grafiche Damiani - Faenza Group SpA, Italie

Couverture: Paul Outerbridge (1896–1958, États-Unis). *Chemistry*, 1923. Tirage au platine. 11,4 x 8,9 cm. Droit d'auteur © 2017 G. Ray Hawkins Gallery, Beverly Hills
Pages de garde volantes (avant), p. 6, 7, 28, 29, 150, 151, pages de garde volantes (arrière): Catherine Wagner (née en 1953 aux États-Unis). *-86 Degree Freezers (12 Areas of Concern and Crisis),* 1995, tirée de la série Art & Science, Investigating Matter. Douze tirages argentiques. 50.8 x 40.6 cm chacun. *DNA Clone Library* (page de garde volante avant, recto, image de gauche, détail), *Colon Cancer* (page de garde volante avant, recto, image de droite, détail), *Human Genome Project* (page de garde volante avant, verso, détail), *Bipolar Disorder* (p. 6, détail), *HIV* (p. 7, détail), *Breast Cancer* (p. 28, détail), *Thyroid Cancer* (p. 29, détail), *Alzheimer's* (p. 150, détail), *Mega-Yac Library* (p. 151, détail), *Alcoholism* (page de garde volante arrière, recto, détail), *Tissue* (page de garde volante arrière, verso, image de gauche, détail), *-70° Freezer* (page de garde volante arrière, verso, image de droite, détail). Droit d'auteur © Catherine Wagner, avec la permission de l'artiste.

Crédits photographiques
Gary Munden: p. 31, 34, 41, 45, 46, 51, 52–53, 54, 58, 59, 64, 65, 67, 68, 69, 71, 72, 75, 80, 83, 84, 85, 87, 88, 90, 91, 92, 94, 95, 96, 97, 99, 102–3, 104–5, 108, 109, 110, 113, 114, 115, 117, 118, 120, 121, 123, 124, 127, 128, 131, 132, 133, 134, 136, 137, 141, 145, 146, 147, 149

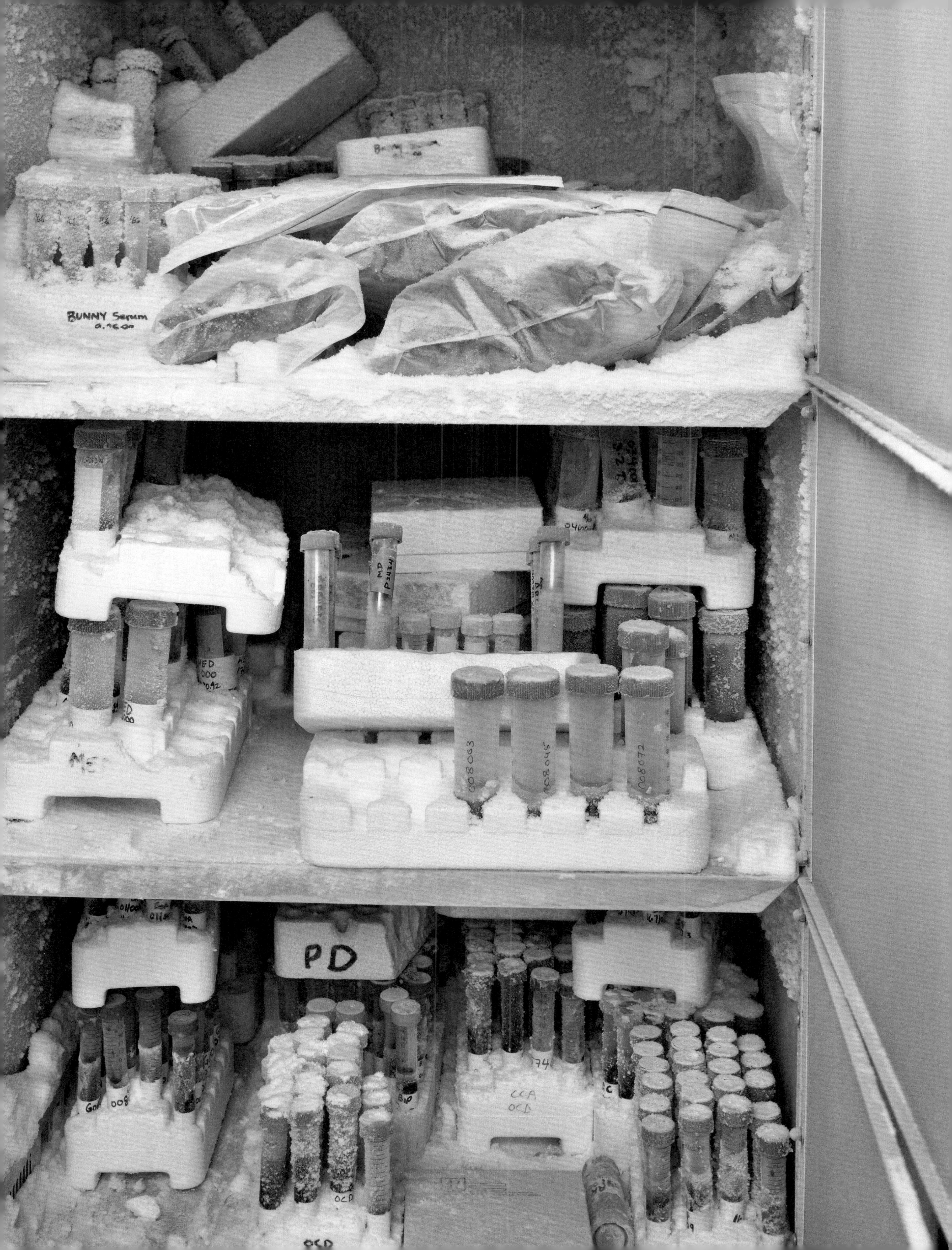
BUNNY Serum
PD
CCA
OCD

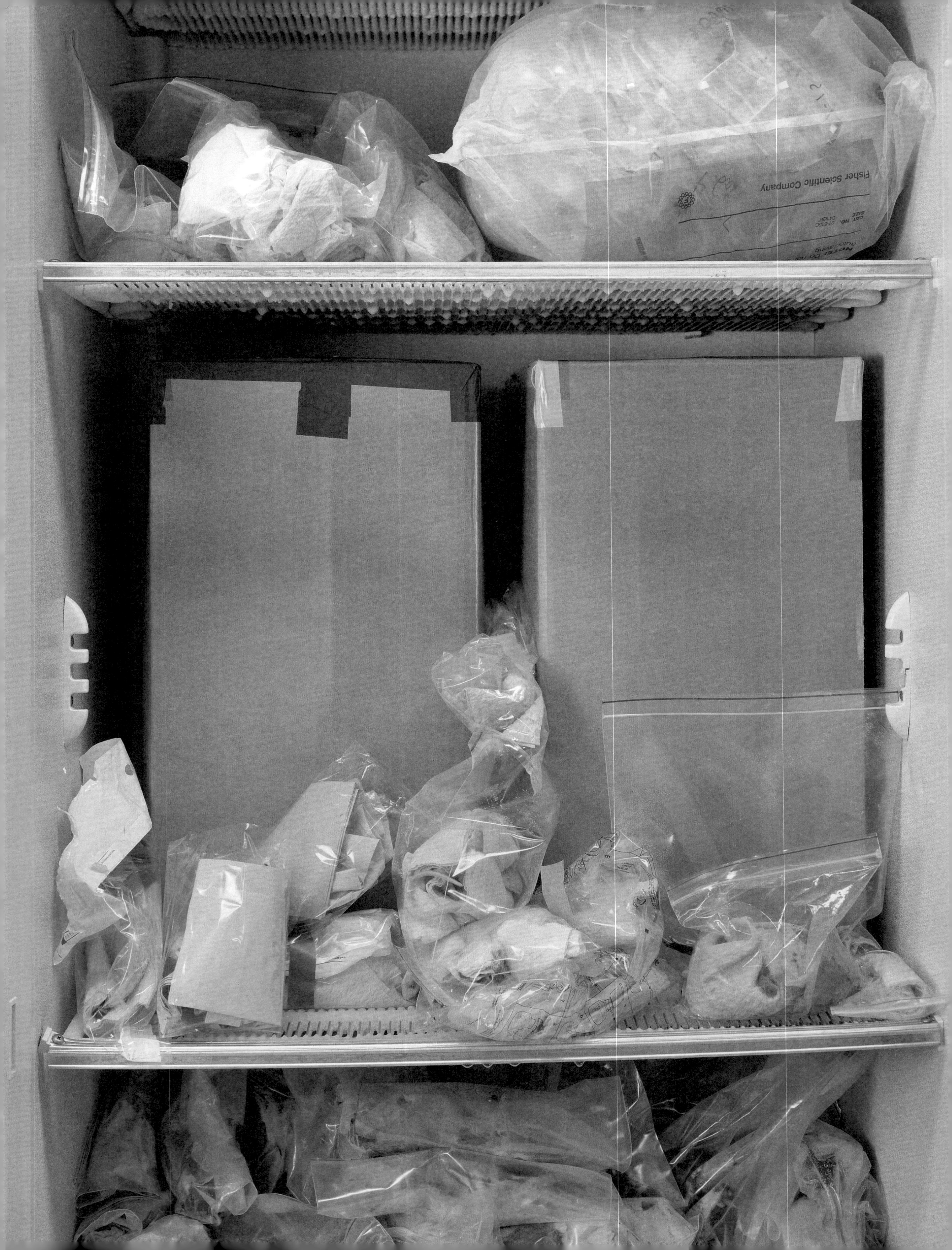
Fisher Scientific Company